정재승의
인류 탐험 보고서

정재승 글

KAIST에서 물리학으로 학사, 석사, 박사 학위를 받았습니다. 예일대학교 의과대학 정신과 박사후 연구원, 고려대학교 물리학과 연구교수, 컬럼비아대학교 의과대학 정신과 조교수를 거쳐, KAIST 뇌인지과학과 교수와 융합인재학부 학부장을 맡고 있습니다. 주된 연구 주제는 의사 결정의 신경 과학, 뇌-로봇 인터페이스, 정신 질환의 대뇌 모델링, 대뇌 기반 인공 지능이며, 다보스 포럼 '2009 차세대 글로벌 리더', '대한민국 근정포장'을 수상했습니다. 저서로 《정재승의 과학 콘서트》(2001), 《열두 발자국》(2018) 등이 있습니다.

차유진 글

과거 엄청난 사건으로 엉망이 되어 버린 아우레를 어떻게 하면 멋진 행성으로 되돌릴 수 있을까, 매일 고민하는 걱정쟁이 소설가. 게원예술대학교와 한국콘텐츠진흥원 등에서 스토리 작법을 가르쳤고, 〈레너드 요원의 미스터리 보고서〉 시리즈를 기획했습니다. 〈애슬론 또봇〉, 〈정글에서 살아남기〉, 〈엉뚱발랄 콩순이와 친구들〉 등 다수의 TV 애니메이션 시나리오를 쓴 건 비밀 아님. 《알렉산드로스, 미지의 실크로드를 가다》(2012), 《우리 반 다빈치》(2020) 등 여러 권의 책을 펴냈습니다.

김현민 그림

일찍이 유럽으로 시장을 넓힌 대한민국의 만화가. 대학에서 산업디자인을 전공한 뒤 어릴 때 꿈을 찾아 만화가가 되었습니다. 프랑스 앙굴렘 도서전에 출품한 것을 계기로 프랑스 출판사에서 《Archibald 아치볼드》라는 모험 만화를 만들고 있습니다. 인간이 아닌 괴물이나 신기한 캐릭터 등 상상력을 발휘할 수 있는 그림을 좋아합니다. 지구와 아우레를 오가며 재미있는 그림을 그리느라 몸은 지구에서 벗어날 수 없지만, 머릿속은 항상 우주의 여행자가 되고 싶은 히치하이커.

백두성 감수

고려대학교에서 지질학으로 학사, 고생물학으로 석사 학위를 받고 박사 과정을 수료했습니다. 2003년 서대문자연사박물관 건립부터 학예사로 활동하였고, 2013년부터는 전시교육팀장으로 지질 분야 전시 및 교육, 광물과 화석에 대한 기획전을 개최했습니다. 도서관 과학 강연 "10월의 하늘"과 어린이책 감수를 통해 대중에게 과학을 알려 왔습니다. 노원천문우주과학관 관장으로 우주를 연구하다, 현재는 기업 그래디언트에서 인공 지능을 이용해 과학을 쉽게 전달할 플랫폼을 개발하고 있습니다.

어린이를 위한 호모 사피엔스 뇌과학

글 차유진 정재승 | 그림 김현민 | 감수 백두성

아울북

펴내는 글

《인류 탐험 보고서》를 시작하며

시간 여행으로 지구의 과거들을 넘나들며 좌충우돌 탐험하는 라후드와 라세티의 매력 속으로

《정재승의 인간 탐구 보고서》, 재미있게 읽고 있나요? 아우레 행성에서 온 아우린들과 함께, 우리 '인간'들을 잘 관찰하고 있지요? 외계인의 눈으로 인간을 탐구하는 세상의 모든 독자 여러분들께 머리 숙여 진심으로 감사드립니다. 꾸벅.

많은 독자들이 《인간 탐구 보고서》를 읽고 또 즐겨 주시면서 라후드의 인기가 점점 치솟고 있습니다. 아우레 행성의 외계문명탐험가 라후드는 볼수록 매력적입니다. 빨리 걷는 건 너무 싫어하고요, 그냥 가만히 앉아서 생각하는 것을 훨씬 더 좋아하죠. '인간들은 참 이상하다'고 투덜거리면서도, 항상 인간에 대한 호기심으로 가득 차 있고 심지어 인간들을 점점 닮아갑니다. 이미 입맛은 거의 지구인일걸요! 게다가 매사 합리적인 아우린이지만, 점점 감정적인 인간들에게 조금씩 끌리는 것도 같습니다. 이 덩치 큰 허당 외계인 라후드는 인간을 관찰하면서 인간들을 더 깊이 이해하고 결국 사랑하게 되지 않을까 조심스럽게 기대하게 되는, 정이 가는 외계인입니다.

라후드의 조상을 만나다

그래서 저희가 라후드를 사랑하는 독자분들을 위해 '선물'을 드리는 마음으로《인류 탐험 보고서》를 출간하게 됐습니다. 아우레 행성의 탐험가들은 어떻게 해서 우리 곁에 오게 됐는지 그 과거로의 여행을 보여 드리고자 합니다. 원래 아우레는 인공 항성을 만들어 에너지를 얻고 공간을 관통하는 웜홀도 자유자재로 생성해 내어 다른 은하계까지 마음대로 여행할 수 있을 만큼 놀라운 문명을 가지고 있었거든요. 그런데 지구에서 데려온 생명체 '쿠'라는 녀석 때문에 한순간 아우레 행성은 멸망의 위기에 빠지고 말죠. 결국 아우레를 구하기 위해 라후드의 조상 라세티는 300만 년 전 지구로 떠나게 됩니다.

수만 년 전 혹은 수백만 년 전, 지구는 어떤 모습이었을까요? 그 속에서 인류의 조상들은 어떻게 살고 있었을까요? 외계인들도 신기하지만 그 시기의 인간 조상들도 매우 낯설게 느껴지겠지요?《인류 탐험 보고서》에서는 원시적인 인류의 조상 호미닌들을 만난 최첨단 시간여행 탐험가 아우린들의 흥미로운 모험담이 펼쳐집니다.

뇌과학에서 생물인류학으로

《인간 탐구 보고서》에서 아우레 탐사대와 함께 지구인들을 관찰하면서 뇌과학의 정수를 맛보고 계신 독자분들께 이번에는 '생물인류학'을, 좀 더 정확하게 말하자면 '고고신경생물인류학'이라는 학문을 소개하려고 합니다. 라후드의 조상 라세티가 우주선을 타고 시간 여행을 하면서 지구에서 만나게 되는 건 지금의 우리가 아니라 우리의 조상들이니까요.

이 책에선 라후드의 조상만이 아니라 우리의 조상들이 등장합니다. 지금의 인간이 아닌, 수만, 수십만, 수백만 년 전의 호미닌(Hominin, 현생 인류 혹은 현생 인류와 가까운 근연종들을 일컫는 말)은 어떤 뇌를 가지고 있었으며, 어떻게 진화해 지구에 생존하게 됐는지 뇌과학적이면서도 인류학적인 관점에서 보여 드릴 겁니다. 또 신경생물학적인 원리들을 이용해서 인류의 과거를 머릿속으로 '상상'해 내는 과정을 여러분들에게 직접 보여 드릴 거예요. '고고신경생물인류학'이라니, 이름만 들어도 무지 어렵고 복잡하고 무시무시해 보이지만, 실제로 이 학문을 통해서 우리는 수만 년 전의 인간이 어떻게 살았는지에 대해 흥미로운 답을 찾아낼 수 있습니다.

역사를 좋아하는 어린이들과 청소년들에게 상상력을!

《인류 탐험 보고서》는 뇌과학을 좋아하는 어린이들만이 아니라 역사를 좋아하는 청소년들까지도 즐길 수 있는 책일 거라 확신합니다. 역사는 인문학이고 과학과는 상당히 멀게 느껴지지만, 사실 역사야말로 굉장히 과학적인 학문이에요. 역사적인 사료나 그 시기의 작은 단서들만으로 인류 조상들이 수만 년 전에 어떻게 살았는지 머릿속으로 상상하고 역사적인 사실을 복원해 내거든요. 그러기 위해서는 그 시절에 사용했던 그릇 하나로 그 시대 사람들의 일상을 추적하는 과학적인 사고가 매우 필요합니다. 그래서 저는 '생물인류학'이야말로 그 어떤 학문들보다도 근사한 과학이라고 생각합니다. 여러분들이 이 책을 통해 그 과학의 정수를 맛보았으면 좋겠습니다.

이 책에 등장하거나 묘사되는 인류 조상들의 모습은 우리가 정답처럼 받아들여야 하는 절대적인 사실 혹은 진리가 아닙니다. 현재 남아 있는 뼛조각, 두개골의 모양, 그리고 그들이 남겨 놓은 유적과 유물, 이런 작은 단서만으로 "그 당시 인류는 이렇게 살았을 것이다."라고 추측한 것일 뿐입니다. 잘못된 부분이 있다면 여러분들이 고쳐 주세요. 오늘날의 과학 수사대가 사건 현장의 단서만으로 범인을 추적하는 것처럼, 여러분들 모두가 생물인류학 '탐정'이 돼서 과거 조상들을 머릿속으로 그려 보고 중요한 단서들을 해석해 주세요. 저는 그 상상력의 힘이 여러분들을 훌륭한 과학자의 길로 인도하리라 믿습니다.

우리는 어디서 왔을까? 우리 문명은 어떻게 가능했을까?

최근에 뇌과학자들은 우리 인간들과 다른 유인원들 사이의 흥미로운 차이점을 발견했습니다. 우선 놀랍게도, 두세 살 정도의 어린 시절에 우리 인간들은 대형 유인원들, 그러니까 오랑우탄이나 침팬지, 고릴라 같은 존재들과 지능적으로는 별로 차이가 없다는 것입니다. 그들도 우리 못지않게 지능적으로 발달해 있고, 우리만큼 여러 가지 지적인 행동들을 한다고 합니다.

그렇다면 어떻게 우리는 이렇게 거대한 지적 문명을 이루고 복잡한 현대 사회를 만들어 냈을까요? 또 호모 네안데르탈렌시스나 호모 에렉투스, 호모 하빌리스 같은 우리의 가까운 친척들은 왜 지금까지 생존하지 못하고 모두 멸종했을까요?

이 질문의 단서를 찾기 위해서는 과거 호모 사피엔스들의 뇌가 대형 유인원들과 무엇이 달랐고, 또 이미 멸종한 다른 호미닌들과는 무엇이 달랐는지를 찾아봐야겠죠. 흥미로운 것은 우리가 그들보다 뇌의 크기가 커서 이렇게 근사한 문명을 만들어 낸 줄 알았는데, 사실 뇌의 크기는 중요한 게 아니었다는 겁니다. 오히려 서로 흉내 내고 함께 도와주면서 사회적으로 학습하는 능력, 그러니까 내가 알고 있는 걸 친구들에게 가르쳐 주고, 내가 모르는 걸 친구들로부터 배우면서 같이 협력하는 것이 약하디약한 인간이 이 위대한 문명을 만드는 데 아주 결정적인 기여를 했다는 걸 과학자들이 조금씩 알게 됐습니다.

저는 이런 인류의 진화 과정을 어린이들과 청소년들에게 가르쳐 주고 싶었어요. 인류에게 지난 수십만 년 동안 벌어져 온 일들이 지금도 여러분들의 뇌에서 벌어지고 있다는 걸 일러 주고 싶었어요. 그렇게 친구들끼리 서로 돕고 함께 학습하는 능력이 우리 호모 사피엔스의 위대함이라는 사실을요!

생물인류학으로 다시 만든 과거 속으로!

《인간 탐구 보고서》가 현재 우리의 모습을 이해하기 위해 뇌과학과 심리학의 입장에서 우리의 현재 모습을 낯설게 관찰하기를 시도했다면,《인류 탐험 보고서》에선 여러 유인원들 중에서 오직 호미닌만이, 그중에서도 호모 사피엔스만이 고도의 문명을 이루게 된 배경을 외계인의 시선으로 다시 한번 들여다볼 예정입니다.

아주 낯선 인류 조상과 친숙하면서도 낯선 외계인들의 만남이 만들어 낼 좌충우돌 이야기 속에서 우리의 과거를 흥미롭게 만나 보시길 기대합니다. 사랑스런 라후드의 조상이 시간을 거슬러 탐험하는 과정에서 여러분도 인류의 과거를 발견하고 탐험하게 될 것입니다.

저는《인류 탐험 보고서》에서 세상의 모든 어린이들과 청소년들이 '보이지 않는 과거를 과학적으로 상상하는 능력'을 가졌으면 좋겠습니다. 그것이 우리 삶을 더욱 풍성하게 해 줄 것입니다. 138억 년 동안 진화해 온 우주 속에서 100년 남짓 살아가는 작은 생명체 지구인들이 누릴 수 있는 가장 고상한 경험은 '수십만 년 동안 살아온 인류의 과거를 생생하게 상상하는 경험'일 테니까요.

자, 함께 탐험을 떠나 보자구요!

정재승 (KAIST 뇌인지과학과+융합인재학부 교수)

차례

위대한 라세티의 모험

by 라세티

헉! 풍야쿵이 도착해 버렸잖아!
아직 쿠를 숨기지도 못했는데 어쩌지?

에라, 모르겠다! 이제는 이판사판이야!
우리가 다 같이 풍야쿵 장군한테 덤벼들면… 응?
풍야쿵 장군은 절대 이길 수 없다고?
풍야쿵이 그렇게 강해?

음… 어쩔 수 없다! 계획 변경이야.
폭력은 쓰지 말고 평화적으로 해결하는 걸로. 헤헤.
마침 내 친구가 좋은 아이디어를 생각해 냈다는데
너희도 한번 들어 볼래?
우선 우리 소개부터 하고!

나는 라세티. 설마 아직도 내 이름을 모르는 녀석은 없겠지?
지구의 수백만 년을 탐험하며 아우레를 구할 방법을 찾고 있는 예비 영웅이지.
지구는 내가 보기에도 매력적인 행성이지만, 그래도 역시 아우레를 따라오기엔 먼 것 같아.
얼른 역사를 바로잡아 고향에 돌아가고 싶어.
하아, 고향의 맛 루시도르도르가 그립다….

이 애가 바로 우리가 그렇게 찾아 헤맸던 쿠라는 지구 생명체야. 지구 이름은 야무.
아우레를 구하기 위해선 꼭 필요한 존재지.
평범한 꼬마 같아 보여도 쿠는 정말 특별해.
위기 상황에서 반짝이는 아이디어를 내고, 당당하게 나설 줄 아는 똘똘한 모습을 보면 누구든 눈에 하트가 뿅뿅 떠오를걸?
외계인까지도 말이야!

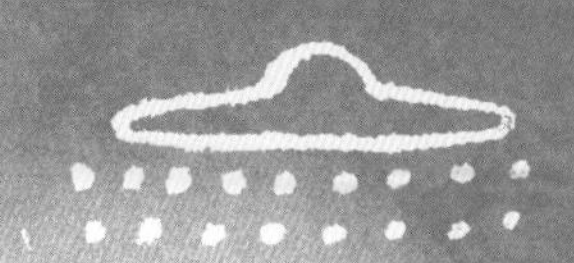

무술이면 무술, 계략이면 계략! 어느 것 하나 빠지는 부분이 없는 아우레의 팔방미인, 우주 최고의 장군! 바로 **풍야쿵** 장군이야.
완벽한 풍야쿵에게 약점이 하나 있다면, 그건 바로 귀여운 것이라면 껌뻑 죽는다는 거야. 귀여운 것이 눈앞에 있으면 임무고 뭐고 정신을 못 차리거든.
앗! 그 점을 이용해서 풍야쿵을 막아 볼까?

나와 긴 모험을 함께하고 있는 친구들을 빼먹으면 섭섭하지.
우리는 성격도, 생김새도, 또 살던 시간대도 다르지만, 아우레를 구하겠다는 마음만은 모두 같아.
모험이 끝나서 뿔뿔이 흩어지더라도 친구들과의 추억은 평생 잊지 못할 거야.
긍정 에너지로 우리 모두 웃으며 헤어질 수 있기를!

시작은 바로 몇 분 전,
펑! 소리에 뒤를 돌아보니….

프롤로그

목적지는 FwoqG-9

쿠우우
흐음….
심각

[sQ-699 행성]
중력 기준치 초과
이번 행성도
실격이라니.
하아…
아우린들이
이주할 훌륭한 행성은
대체 어디에 있단 말인가!
임무에 실패하고
돌아가면 빠다 관장이
얼마나 화를 낼지
벌써 보인다….
장군, 정말
실망입니다!
으으~

장군님, 전방에
목적지가 보입니다!
아니,
저곳은!
호오

너무나도
아름답구려!

저 행성의 이름이
뭐라고?
FwoqG-9,
줄여서
'지구'입니다!

흠… 지구라.
왠지
느낌이 좋구먼!

자, 쭉
전진하시게!
예!

1화

지구인,
아우린이 되다

아우리온이…… 사라졌다!

아우리온이 있던 자리에는 수상한 칩 하나만이 덩그러니 놓여 있었다.

“아우리온은 어디 갔어? 그리고 저건 또 뭐야?”

“아까 펑 소리 나지 않았어? 저거 설마 폭탄? 캔, 가서 스캔해 봐.”

“싫어! 네가 가면 되잖아!”

라세티와 캔은 서로 미뤄 대며 수상한 칩 근처에 다가가지 않으려고 용을 썼다. 결국 쿠슬미가 나섰다. 용기를 내어 그것을 집어 든 순간, 다급한 목소리가 들려왔다.

“나야! 나라고!”

목소리가 들린 곳은 바로 칩 속이었다.

“인피니티 목소리잖아? 인피니티, 너 이 안에 있는 거야? 대체 어떻게 된 거야?”

“원인 불명! 탈출 불가! 빨리 나 좀 꺼내 줘!”

우주 최고의 인공 지능인 인피니티도 자신이 왜 작은 칩 안에 들어가게 되었는지 모르는 모양이었다.

허둥지둥하는 탐사대와 달리 빠다는 골몰히 생각에 잠겨 있었다. 이윽고 빠다가 이마를 탁 쳤다.

“아! 알았다!”

시간 여행의 법칙 때문이야!
같은 시공간에 두 아우리온이
함께 존재할 수 없으니까!
?
그럼 인피니티는
왜 남은 거죠?
오호, 그거
말 되는데?
그렇지?
그건
풍야쿵의 우주선에는
인피니티가 없단
뜻이지.
?
그렇구나!

야무가 슬쩍 손을 들었다.

아뿔싸! 신기해할 때가 아니었다. 풍야쿵과 야무가 마주치기라도 하면 아우레는 다시 멸망의 위기에 빠질 테니까.

라세티가 결연한 표정을 지었다.

"야무랑 합수스, 너희는 풍야쿵이 오기 전에 얼른 도망쳐! 최대한 멀리 가! 우리가 여기서 시간을 벌어 볼게."

캔도 거들었다.

"라세티 말이 맞아. 우리가 한꺼번에 덤비면 풍야쿵도 어쩌지 못할 거야. 잘하면 제압해서 아우레로 돌려보낼 수 있을지도 몰라!"

그 말을 듣고 쿠슬미가 펄쩍 뛰었다.

"풍야쿵은 아우레 최고의 장군이라고! 우리가 그자한테 상대가 될 것 같아? 아마 1초도 못 버틸걸."

쿠슬미는 과거 키벨레 무술 대회에서 상대로 만났던 풍야쿵 장군의 무시무시한 무술 실력을 떠올리며 부르르 떨었다.

"게다가 풍야쿵 장군은 도망친 우주 해적이나 사라진 물건을 찾는 데는 달인이야. 야무가 아무리 꼭꼭 숨어도 풍야쿵이 마음만 먹으면 금세 찾아낼 수 있을 거야."

탐사대 중 가장 겁 없는 쿠슬미가 저렇게 두려워할 정도로 대단한 아우린이라니, 캔과 라세티는 등골이 오싹해졌다.

어디로 숨을 수도, 맞서 싸울 수도 없는 상황이란 걸 안 탐사대는 눈앞이 캄캄했다.

야무가 신선한 제안을 했다.

"나한테 생각이 있어요. 이번엔 우리가 변장하면 어때요? 여러분이 했던 것처럼요. 우리가 아우린 모습을 하고 있으면 그 장군도 관심 갖지 않을 거예요."

그 말에 빠다가 눈을 동그랗게 떴다.

"그거 괜찮은데? 옳아, 풍야쿵 장군이 쿠, 그러니까 야무를 아우레로 데려온 이유가 단지 귀여워서라고 했었지."

"그럼 야무를 하나도 안 귀여운 아우린으로 꾸미면……?!"

꾸미기를 좋아하는 캔의 눈이 반짝 빛났다.

어떤 종족으로
꾸며 줄까?
젤리족?
아루어루족?
?

자, 이리 와.
으흐흐….
뭘 하려고?

화
꺅!
악

잠시 후….
짜
잔~
어때?
내 회심의 역작!

"오오오~!"

합수스와 야무의 외계인 변장은 감쪽같았다. 키벨레 안을 아무렇게나 돌아다녀도 의심받지 않을 만큼 진짜 아우린 같았다. 특히 야무는 정말 정말…… 절대로, 조금도 귀엽지 않았다.

"완벽해! 이러면 퐁야쿵 장군이 야무를 데리고 가려 하지 않을 거야. 아예 쳐다보지도 않을걸!"

야무와 합수스는 탐사대 일원이자 빠다의 부하인 척 연기하기로 했다.

이젠 그다음 문제를 해결해야 했다. 변장 덕에 퐁야쿵이 야무에게 반할 가능성은 없어졌다고 해도, 만에 하나 야무가 아닌 다른 두 발 생명체에게 관심 갖는 것까지는 막을 도리가 없었다. 퐁야쿵은 호기심이 무척 많은 아우린이니까. 그런 퐁야쿵에게서 지구의 모든 두 발 생명체를 숨길 수도 없는 노릇이었다. 제일 좋은 해결책은 퐁야쿵 장군이 아예 지구를 둘러보지 않고 떠나는 것이었다. 그러나 힘으로 제압하는 것 말고 그것을 실행할 방법이 쉽게 떠오르지 않았다.

그때, 멀리서 웅성거리는 소리가 들렸다.

"여긴 낯선 곳이니 주변을 잘 살피시오! 위험한 생물이 숨어 있을지도 모른다오!"

퐁야쿵이 부하들에게 명령하는 소리였다.

풍야쿵이 온다!
얘들아, 일단 가자!
네!
장군,
어서 오시오…!
응?
딱!

빠다 관장?
그대가 어떻게?
그게….
째릿

다시 아우레로 오면 어떡하나! 나중에 혼날 줄 알게!
여기 지구 아냐?
관장, 미안하오. 내 부하들이 실수했나 봅니다. 이제 정말로 지구로 떠나겠소.
여긴 아우레가 아닙니다, 장군님!
저희는 바르게 왔습니다.
뭐라?
그렇다면 빠다 관장은 왜 여기에 있는 것이오?
라세티! 아니, 라세티 님! 제발 저 좀 꺼내 주세요!
칭얼 칭얼
쉿! 조용히 좀 있어!
그게 그러니까….

이 와중에도 칩 속에 갇힌 인피니티는 끊임없이 라세티에게 말을 걸어 댔다. 몇 번은 협박조로 으르렁거렸고, 또 몇 번은 굽신굽신 비위를 맞추었다.

이러다 풍야쿵에게 들키는 건 아닐까? 칩에 갇힌 인피니티를 불쌍하게 여기던 라세티마저도 마음이 부글부글 끓기 시작했다.

"인피니티, 너 조용히 안 해? 지금 널 어떻게 해 줄 상황이 아니라고! 이 칩 좀 끌 수 없나?"

칩을 살피던 라세티는 'ZZZ'라는 표식이 있는 자그마한 버튼 하나를 발견하고 꾹 눌렀다.

"잠……!"

짱알거리던 인피니티 목소리가 잦아들었다.

휴, 이제 진짜
집중할 수 있겠어.
잠잠…
어떻게
돼 가나?
빠다 관장,
왜 이곳까지 따라온 것이오?
설마 날 못 믿는 거요?
찌릿!
휘
익

따라온 게 아니라
먼저 온 거라니까.
말 참 안 듣네!
이게
뭔 일이라니?!
찌릿!
이!
이!

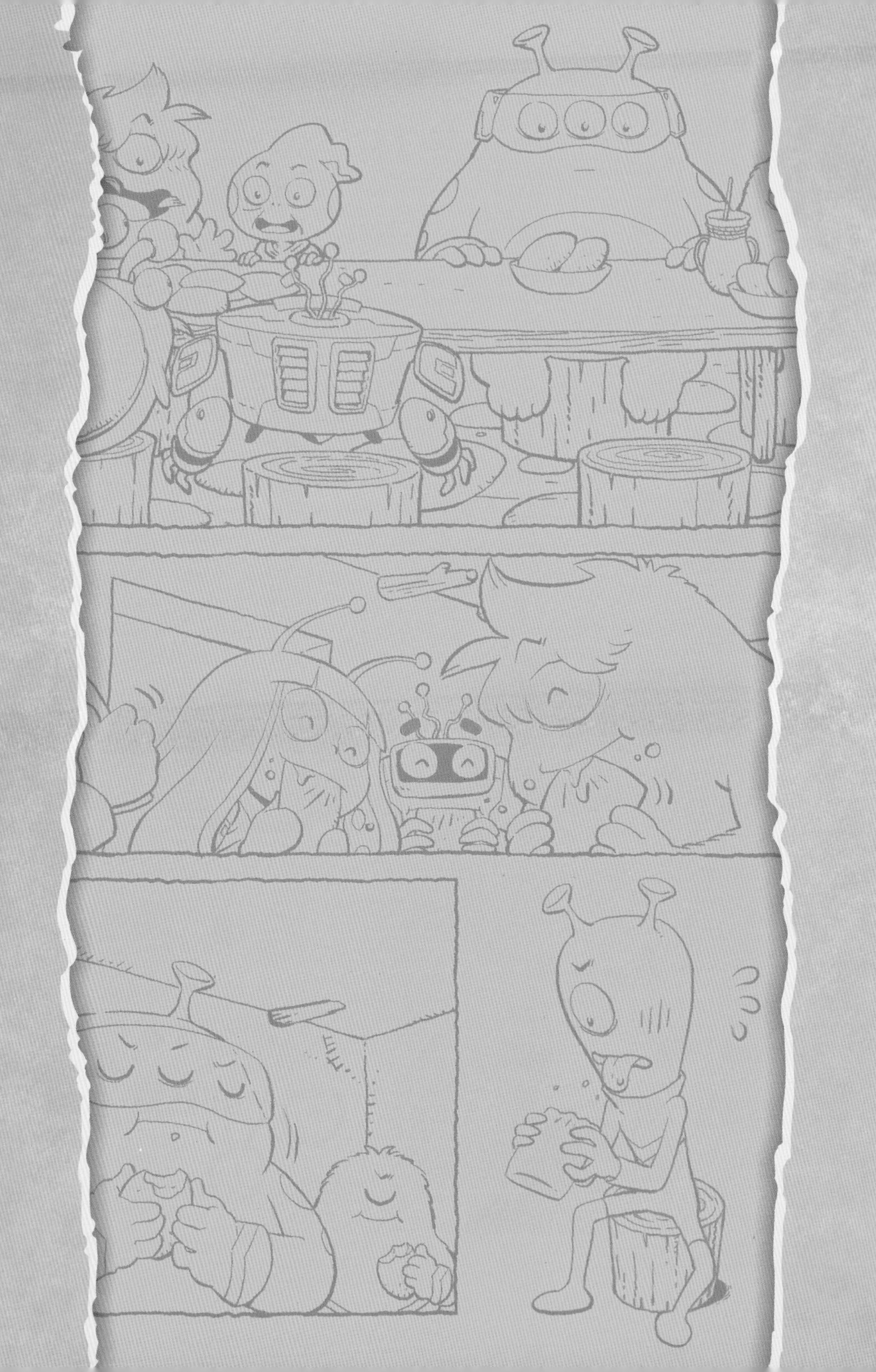

풍야쿵을 속여라

아우레 행성의 발달된 과학 기술을 발판 삼아, 아우린들은 멀리 떨어진 다른 은하까지 탐사하고 있었다. 아우레보다 더 멋진 행성을 찾기 위해서. 언제든 이주해 풍요로운 삶을 이어 나가기 위해서.

사실 퓽야쿵 장군은 빠다가 자신에게 그 임무를 맡겼을 때 내심 못마땅했다. 탐사 같은 자질구레한 일은 장군인 자신에게는 맞지 않는 일이었다. 그러나 이 푸른 행성에 온 후 생각이 달라졌다.

우주선 문이 열리는 순간 코끝을 간지럽히는 맑은 공기, 푸른 하늘, 오염되지 않은 땅. 한눈에 봐도 지구는 그동안 가 본 곳 중 가장 살기 좋은 행성 같았다. 이 행성을 지도부에 보고한다면, 퓽야쿵은 지구를 발견해 아우린들에게 제2의 터전을 선물한 위대한 인물로 기록될 것이다. 퓽야쿵은 자신을 이곳에 보낸 빠다에게 고마운 마음까지 들었다. 그랬는데…….

"퓽야쿵 장군, 지구는 내가 먼저 와서 전부 확인했소. 아우린이 살기에는 영 꽝이더군! 자, 이제 장군이 해야 할 일은 없으니 탐사를 중지하고 다른 행성으로 가시오."

퓽야쿵은 기분이 팍 상했다.

'뭐야? 자신이 올 생각이었다면 처음부터 나에게 탐사를 부탁하지 말았어야지. 이럴 거면 왜 나를 여기에 보낸 거야?'

풍야쿵은 빠다가 자신을 질투하고 있다고 생각했다. 둘은 원래도 누가 더 아우린들에게 존경받는 존재인지 의식하는 라이벌 관계였다. 그러니 빠다가 여기에 먼저 와 있는 것도 자신을 방해하기 위해서일지도 모르는 일이었다. 풍야쿵은 조금도 물러서고 싶지 않았다.

"아니, 이 행성은 특별한 가치가 있는 것 같소만? 키벨레를 지켜야 할 관장이 몸소 이곳까지 왔다는 건, 이 행성의 특별함을 감지해서가 아닙니까? 아무래도 빠다 관장 그대는 나의 공을 가로채려는 것 같구려. 내 말이 틀렸습니까?"

빠다는 어떻게 둘러대야 할지 몰라 얼렁뚱땅 대답했다.

"그게 아니라…… 영 불안해서……."

빠다의 그 대답은 풍야쿵의 자존심에 흠집을 내고 말았다. 그것도 아주아주 큰 흠집을.

풍야쿵의 얼굴이 바위처럼 굳어 버린 것을 보고 빠다가 황급히 변명을 늘어놓았다.

"장군과 모험가들에게만 이 중차대한 일을 맡기고 키벨레에 편히 있자니, 미안해서 가만히 있을 수가 없었소. 어떻게 하면 장군이 고생하지 않을까 싶어, 제가 먼저 이곳에 온 것입니다. 지구에서 불필요한 수고를 하지 말고 다른 행성으로 편히 이동하시라고 말입니다."

라세티도 옆에서 거들었다.

"그래요! 여기 별로예요. 춥고, 덥고, 습하고, 음식도 퉤 뱉고 싶을 만큼 맛없고. 절대로 여기 쿠가 있어서 그런 건 아니고요!"

헉! 라세티가 뒤늦게 자기 입을 두 손으로 틀어막았다. 그러나 한 번 한 말을 주워 담을 수는 없었다.

아하하하!
아무것도 아닙니다!
저 친구가 원래 실없는
소리를 많이 하지요.
큰일 날 뻔했다….
그러고 보니 저들은
누굽니까? 수석 연구원
말더 빼고 나머지는
기억에 없는 얼굴인데.
특히 저자는
참 특이하게
생겼군.
하하, 세상에 아우린이
얼마나 많은데요.
다 기억하는 게
더 이상하죠!
불쑥

보다 못한 말더가 설득에 나섰다.

"저희 학자들의 눈에 이 행성엔 특별할 게 없습니다. 이 정도 환경을 지닌 행성은 아우레 근처에서도 얼마든지 찾을 수 있으니 이만 돌아가시죠."

풍야쿵은 요지부동이었다.

"나는 갈 수 없소. 내게 내려진 명령을 완벽히 수행하기 전까지는 절대로!"

말더가 당황해하며 물었다.

"도대체 그렇게 고집을 피우는 이유가 뭡니까?"

"그래, 여러분은 학자의 눈으로 지구를 봤다고 했지. 하지만 나는 장군! 학자가 아닌 군인의 눈으로 한 번 더 지구를 살필 수 있소. 지구는 분명 아우레에 도움이 될 것이오."

풍야쿵은 진지한 얼굴로 연설을 이어 갔다.

"나는 수많은 아우린들의 기대를 짊어지고 여기 왔소. 임무를 완수하기 전엔 절대로 돌아갈 수 없소. 이건 내 명예가 걸린 일이기도 하오."

캔이 나섰지만 이번엔 역효과가 났다.

"장군님, 지구는 정말 아우린들이 살 곳이 못 돼요. 이 행성이요, 괴물도 엄청 많아요. 뿔도 달리고 냄새도 고약한 그런 녀석들이 엄청 많다고요!"

"자, 그럼 우리는 가 보리다!"

풍야쿵은 그 어떤 말에도 흔들리지 않고, 탐사대를 쌩 지나쳐 성큼성큼 마을을 향해 걸어가기 시작했다.

풍야쿵 장군은 아우레에서 알아주는 고집쟁이였다. 한 번 뱉은 말은 절대로 굽히는 법이 없는 풍야쿵을 설득한다는 것은 애초에 불가능했을지도 모른다.

설득하는 것도 실패. 제압하는 건…… 해 보기도 전에 실패. 새로운 작전이 필요했다. 아우린들과 사랑엔스들이 다시 머리를 맞댔다.

"얘들아, 아무래도 당장 지구를 떠나게 하는 건 어렵겠다. 무슨 좋은 방법이 없겠니?"

"일단 비위를 맞추면서 경계를 늦추게 만들죠. 풍야쿵이 우리를 같은 편으로 여기도록요. 지금은 너무 의심받고 있어서 무슨 말을 해도 안 될 것 같아요."

야무가 또 아이디어를 꺼냈다.

"음식을 대접해 준다고 우리 집으로 데려가요. 그러면 조금이라도 시간을 벌 수 있을 거예요."

설득에 지친 탐사대도 고개를 끄덕였다.

"지구에 두 번 다시 오고 싶은 마음이 안 들도록 끔찍하게 맛없는 음식을 먹이는 게 좋겠어요."

"아니면 엄청 맛있는 음식으로 정신을 쏙 빼 놔도 되고!"

회의를 마친 빠다는 헛기침을 몇 번 하고는, 목소리에 근엄과 진지함을 가득 담아 풍야쿵을 다시 불러 세웠다.

"생각해 보니 장군 말이 맞구려. 우리가 아무리 열심히 이 행성을 살펴봤다 한들, 장군의 경험을 따를 수 없지. 그런데 이제 막 오셨으니 배고프지 않소? 우선 배부터 채우는 건 어떻습니까? 지구에서는 반가운 친구를 만나면 음식을 대접한다더군요."

아우린 모습의 합수스도 거들었다.

"저희 집…… 아차, 마침 친해진 지구 생명체의 집으로 가시죠."

"지구 음식? 아까 지구 음식은 하나같이 다 맛없다고 하지 않았소?"

뜨끔. 역시 풍야쿵은 쉽게 넘어가지 않았다. 빠다가 더듬더듬 말을 이어 가며 풍야쿵을 설득했다.

풍야쿵 장군은 잠시 고민하는가 싶더니, 결국 고개를 끄덕거렸다.

"내가 귀여운 건 또 못 참지! 좋소. 가 봅시다! 하하하하."

풍야쿵의 호쾌한 웃음소리를 듣고서야 탐사대는 안도의 한숨을 내쉬었다. 철옹성 같던 풍야쿵이 슬슬 탐사대의 작전에 넘어오기 시작한 듯했다.

"제가 안내해 드리지요!"

안내에 따라 아우린들이 우르르 합수스의 집으로 이동했다. 합수스는 야무와 함께 얼른 상을 차려 냈다. 그걸 본 풍야쿵이 문득 생각난 듯 말했다.

“음식을 대접받을 때는 반드시 이쪽도 뭔가를 내놓는 게 아우린의 법도이지. 지구 음식을 베풀어 주었으니, 우리도 아우레의 음식을 드리리다. 자네들, 그걸 가지고 오시게.”

라세티가 눈빛을 밝혔다.

“혹시 루시도르르도르 맛 비상식량……?”

한동안 잊고 지내긴 했지만, 아우린에게 루시도르르도르는 우주의 그 어떤 음식과도 비교할 수 없는 최고의 별미였다.

“아하하, 바로 그거요! 지구에 있는 동안 여러분도 고향 음식이 아주 그리웠겠소이다. 많이 가져왔으니 모두 나누어 주겠소.”

합수스의 집이 들뜬 아우린들의 목소리로 시끌시끌해졌다.

루시도르도르를 오랜만에 만난 라세티와 캔, 쿠슬미는 누가 많이 먹나 내기라도 하듯 그것들을 허겁지겁 먹기 바빴다.

풍야쿵과 부하들은 조심스레 지구의 음식을 맛보았다. 처음엔 식감이 이상한가 싶었는데 입에 넣고 씹을수록 고소함이 느껴졌다.

합수스와 야무는 풍야쿵과 부하들에게 농사 이야기를 들려주었다. 농사를 지어서 먹을 것이 풍족해지긴 했지만, 수확한 곡물은 전부 지배자가 가져가 농부들은 남는 게 별로 없다는 말도 빼놓지 않았다.

"그래서 우리들, 아니 이곳의 주민들은 늘 배가 고프답니다."

풍야쿵은 둘의 말을 듣는 둥 마는 둥 잼과 빵을 씹어 댔다. 지구 이야기에 전혀 관심이 없는 듯 보였다. 하지만 속내는 정반대였다. 풍야쿵은 속으로 찜찜함을 느끼고 있었다.

'저 아우린들은 어떻게 이 행성의 사정을 저렇게 잘 알지? 이제 처음 와 본 것일 텐데…….'

풍야쿵은 야무와 합수스를 유심히 관찰했다.

'뭔가 숨기는 게 분명해. 왠지 이 집에서 나오는 음식도 주는 대로 받아먹으면 안 될 것 같군.'

풍야쿵의 의심을 확신으로 바꾼 건 그 순간 들려온 합수스의 외마디 비명이었다.

"웩!"

풍야쿵이 가자미눈을 뜨고 변장한 합수스에게 물었다.

"루시도르도르를 싫어하는 아우린이 있다고? 그대는 진짜 아우린이 맞소?"

탐사대는 말문이 턱 막혔다. 의심이 더 깊어질세라 라세티가 나섰다.

"그, 그게……. 이 친구가 어릴 때 뜨거운 것을 잘못 먹어서 혀를 다쳤어요. 그래서 맛있는 것을 맛없다 그러고, 맛없는 것을 또 맛있다고 그러고. 헤헤."

말도 안 되는 변명이었지만 풍야쿵은 고개를 끄덕였다.

"그거 참 안됐소, 맛을 모르다니. 그래도 많이 드시오."

풍야쿵이 의외로 쉽게 수긍하자 탐사대는 가슴을 쓸어내렸다. 얼른 대화의 주제를 다른 곳으로 돌려야 했다.

쿠슬미의 질문에 풍야쿵은 가슴을 부풀렸다.

"내가 걸어온 길을 다 말하자면 밤을 새워도 모자랄 텐데?"

"안 자면 되죠! 위대한 모험가 풍야쿵 장군님의 업적을 꼭 듣고 싶어요!"

이어서 캔도 알랑거렸다.

"자, 우선 한 잔 하시고요. 어서 시작해 주세요. 풍야쿵! 멋지다! 풍야쿵! 최고다!"

캔, 라세티, 쿠슬미가 한목소리로 풍야쿵을 부추겼다.

"으흠, 그럼 내 모험 이야기를 한번 들려줄까나?"

풍야쿵은 시선과 관심을 한 몸에 느끼며 이야기를 시작했다.

"내가 우주 해적을 물리쳤던 첫 전투는 말이오……."

그때였다.

사실 이 모든 건 탐사대의 계획이었다.

독한 맥주를 양껏 먹여 풍야쿵 일행을 잠재워 버리고, 그 틈에 아우리온을 빼앗아 아우레로 돌아가는 것! 그리고 그 계획은 그럴 듯했다. 단, 딱 10초 동안만.

잠든 풍야쿵의 상태를 확인한 빠다가 말했다.

"좋아! 풍야쿵이 잠들었어. 이제 아우리온으로오……."

구석구석 지구 투어

"삼촌! 라세티! 다들 일어나 봐요!"

야무가 쓰러진 탐사대와 합수스를 마구 흔들어도 보고, 찰싹찰싹 때려도 봤지만, 모두 단잠에 빠져 눈을 뜰 기미가 보이지 않았다. 풍야쿵 일당을 잠에 빠지게 한 것까지는 좋았는데, 자기들까지 잠들어 버리면 어쩌자는 거야!

갑자기 뒤에서 으스스한 웃음소리가 들렸다. 뒤돌아본 야무는 깜짝 놀라 그대로 얼어붙고 말았다. 풍야쿵 장군과 그 부하들이 멀쩡하게 일어나 있는 게 아닌가!

'뭐야! 저들은 맥주를 마시고 잠들었던 거 아니었어?!'

풍야쿵이 호탕한 목소리로 부하들을 칭찬했다.

"으하하하하하! 다들 명배우로군! 역시 내 부하들이오!"

"충성! 역시 장군님은 아우레 최고의 지략가이십니다!"

'이럴 수가! 우리가 풍야쿵 장군을 속인 게 아니라, 풍야쿵이 우리를 속였구나!'

야무는 숨소리를 죽이고 살금살금 움직였다. 풍야쿵 몰래 집 밖으로 나가야 했다. 얼른 병사들을 불러 풍야쿵 일행을 잡아가게 하는 수밖에 없다고 생각했다.

야무는 겁이 났지만, 주먹을 꽉 쥐고 용기를 내어 풍야쿵 앞에 당당히 섰다.

"다, 당신! 우리 삼촌과 이분들에게 무슨 짓을 한 거죠?! 왜 모두 쓰러져 버린 거냐고요!"

풍야쿵은 맹랑하게 따지는 야무를 흥미롭게 바라보았다.

"호오, 참으로 당돌하오. 좋아, 알려 주겠소. 빠다 관장이 너무 의심스러운 행동들을 하기에 내가 속임수를 썼소. 가져온 비상식량에 몰래 약을 탔지. 녀석들 말을 믿는 것처럼 연기해 줬더니 순진하게도 잘 받아먹더군! 으하하!"

풍야쿵은 자신이 직접 보고 겪은 것 외에는 그 무엇도 믿지 않는 철두철미한 자였다. 처음부터 탐사대의 말은 들을 생각도 하지 않고 탐사대를 따돌리려던 것이다.

"이젠 내가 질문할 차례요. 그대가 평범한 아우린이 아니란 건 알고 있소. 저기 쿨쿨 잠든, 루시도르도르가 맛없다던 자도 말이오. 평생 우주를 돌아다닌 덕에 수상한 자는 척 보면 안다고. 이제 그만 정체를 드러내 보시게!"

더 이상 풍야쿵을 속이는 것은 불가능할 것 같았다.

야무는 두껍게 몸을 감싸고 있던 변장 도구들을 모두 풀어헤쳤다. 야무의 진짜 모습이 드러났다.

풍야쿵 장군이 흥분에 찬 목소리로 말했다.

"그대는 아우린이 아니라 지구의 지적 생명체였군! 이렇게 밋밋하게 생겼다니. 아우린과는 완전 딴판이야! 그런데도 어쩜 이리 귀여울까?"

그러자 야무도 새침하게 맞받아쳤다.

"장군님이 더 귀여워요. 배는 통통하고, 눈도 세 개에 이상한 더듬이도 달렸잖아요."

'말하는 것도 너무너무 귀엽다!'

귀여운 것이라면 사족을 못 쓰는 풍야쿵 장군은 야무의 깜찍함에 홀딱 넘어가 버렸다. 풍야쿵은 야무와 친구가 되고 싶었다. 그래서 제안을 하나 했다.

"지구 생명체 야무, 내게 이 지구를 구경시켜 주시오."

"그러면 우리 삼촌과 내 친구들은요?"

야무가 눈물이 글썽한 눈으로 풍야쿵을 올려다보며 물었다.

"걱정 마시오! 저들은 잠시 잠든 것뿐이니. 우리가 지구 구경을 다녀오고 나면 잠에서 깨어나 있을 거요."

그 말이 정말일까? 그렇다면 지구 관광은 탐사대가 깨어날 때까지 풍야쿵을 잡아 둘 좋은 구실이 되어 줄 터였다. 야무는 고민 끝에 대답했다.

"좋아요!"

풍야쿵은 야무의 마음이 바뀔세라 부하들에게 신속히 채비를 하라고 일렀다.

잠에 빠진 탐사대와 합수스를 두고, 풍야쿵 일행과 야무는 번화가로 이동했다.

힘차게 흐르는 강과 광활한 사막, 뜨거운 햇살 모두 풍야쿵의 눈에는 너무도 아름다웠다. 그 외에도 풍야쿵 장군은 강가에 설치된 수로, 빽빽이 세워진 건물들, 드넓은 농토, 건물에 새겨진 기묘한 벽화를 흥미로워했다. 그리고 새로운 것이 눈에 띌 때마다 야무에게 질문을 퍼부었다.

"야무, 저건 무엇이오?"

"야무, 저 네발짐승은 왜 저렇게 묶여 있는 거요?"

야무의 설명을 들으며 풍야쿵은 확신했다. 지구는 지금껏 탐사한 행성 중 단연 최고라고.

지구에서라면 여러 종족으로 구성된 아우린들이 각각 원하는 곳에서 자유롭게 살 수 있을 것 같았다. 또 빠다 일행이 '사랑엔스'라 부르는 지구의 지적 생명체들, 그러니까 야무의 종족들은 제 나름대로 편리한 문명을 일궈 놓았다. 아우린들이 지구로 이주하게 되면 이들이 만들어 둔 문명을 그대로 활용할 수도 있을 것이다.

"인공 항성을 만들어 아우레를 재생시키는 것보다 지구로 이주하는 게 훨씬 경제적이야. 그런데 빠다 관장은 왜 그토록 반대한 거지?"

야무를 아우레로 데려가면 어떨까?

아우레 지도부의 허가만 떨어진다면 그 즉시 아우린들은 지구에 이주할 수 있을 것이었다.

'지구 이주 계획을 추진하도록 지도부를 설득하는 데 도움을 줄 이가 필요하겠어. 지구를 잘 아는 자 중에서…….'

일행은 시장에 도착했다. 시장에는 신기한 지구 물건들도, 사랑엔스도 가득했다.

풍야쿵과 그 부하들의 외모는 그곳에 있는 사랑엔스들의 관심을 끌기 충분했다. 시장에 있던 엄청난 수의 사랑엔스들 눈이 일제히 휘둥그레졌다.

풍야쿵 장군과 부하들은 사랑엔스들의 시선에도 아랑곳하지 않고 시장을 돌아다녔다.

"정말 별천지로군! 야무, 데리고 와 줘서 고맙소."

풍야쿵이 야무의 머리에 손을 턱 얹은 그 순간, 저쪽에서 날카로운 목소리가 들려왔다.

"거기, 멈춰라!"

같은 시각, 탐사대는 여전히 약에 취해 잠들어 있었다.

"으음……."

약 기운이 떨어져 갈 즈음, 아우린들이 하나둘 꿈틀거리기 시작했다.

"야무! 야무, 어디 있냐!"

풍야쿵이 야무를 데리고 사라진 사실을 안 탐사대는 망연자실했다. 빠다는 풍야쿵에게 속은 것을 깨닫고 주먹을 부르르 떨었다.

"풍야쿵을 만만하게 본 내가 어리석었어."

그때, 라세티 귀에 웅웅거리는 소리가 들렸다.

잠시 잊고 있던 인피니티 칩에서 나는 소리였다. 아까 그 버튼을 다시 꾹 누르자 막혀 있던 인피니티 목소리가 와락 쏟아져 나왔다.

"멍청한 아우린들! 이미 틀렸다. 풍야쿵이 야무의 정체를 알게 됐다고! 너희의 작전은 99.87% 실패할 것임! 너희는 아우레의 멸망을 막을 수 없을 것!"

"뭐라고?!"

인피니티는 칩 속에서 상황을 전부 보고 있었다고 말했다. 여러 번 경고하려 했지만 그럴 수 없었다고도 했다. 당연했다. 라세티가 누른 'ZZZ' 버튼 때문에 목소리를 낼 수 없었으니까.

탐사대는 털썩 무릎을 꿇고 좌절했다.

여기까지 어떻게 왔는데, 이렇게 허무하게 실패하다니! 이제 아우레는 멸망할 것이고 고향에 있는 친구들은 전부 우주 먼지가 될 운명에 놓인 것이다.

그래도 아직은
방법이 남아 있다.
아닐 수도 있고.
뭐? 그게
무슨 말이야?
풍야쿵이 두고 간
아우리온을 찾으면
그들을 추적할 수
있음.
저기다!
정말? 풍야쿵과
야무가 아직 지구에 남아
있다는 뜻이야?
그럼
풍야쿵보다 먼저
아우리온이 있는 곳에
도착해야겠네?

"어서 아우리온부터 찾자!"

아우레를 위해서 풍야쿵의 아우리온을 차지하는 게 급선무였다. 아우리온이 없으면 야무도 지구를 떠날 수 없다. 야무, 그러니까 쿠가 아우레로 떠나지 않는다면 아우레 멸망을 막을 수 있다.

"풍야쿵보다 먼저 가야 해! 빨리 달려!"

퐁야쿵,
대굴욕!

열심히 달린 끝에 탐사대는 퐁야쿵이 타고 온 아우리온을 발견했다.

탐사대는 텅 빈 아우리온 조종실에 들어갔다. 그리고 인피니티가 일러 준 대로 오라클을 계기판에 꽂은 뒤 그 어느 때보다 진지하게 외쳤다.

"아우리온, 출발!"

그런데…….

아우리온은 잠잠하기만 했다. 몇 번을 다시 시도해 봐도 똑같았다.

"안 되잖아! 퐁야쿵이 타고 온 아우리온도 고물인가 봐!"

인피니티가 그제야 음흉하게 웃으며 본색을 드러냈다.

"후후후, 이제 내가 있는 칩을 계기판에 꽂아! 나 없인 아우리온도 없다!"

빠다가 놀라며 물었다.

"그게 무슨 소리냐, 인피니티?"

"아직도 모르겠나? 지금 너희 손에 있는 오라클은 오랜 시간을 들여 '우리 아우리온'에 딱 맞게 조작해 둔 것임. 그러니 다른 시공간에서 온 '퐁야쿵의 아우리온'에 맞을 턱이 없지. 오라클 없이 이 아우리온을 움직이려면, 내가 아우리온 시스템에 침투해 직접 조종하는 수밖에 없단 말씀."

'아뿔싸, 칩에서 탈출하려고 인피니티가 우리를 이리로 유인한 거구나!'

빠다는 교활한 인피니티에게 속아 넘어갔다는 걸 깨달았다. 그렇지만 다른 방법이 없었다. 지금으로선 아우리온에 시동을 거는 게 우선이었다.

역시나 인피니티는 아우리온을 차지하자마자 원래의 건방진 모습으로 돌아왔다.

"으흐흐, 다시 아우리온을 접수했다! 이제 이 새 우주선도 내 명령에 따르겠군. 고맙다, 쿠슬미."

"으, 저 녀석 너무 얄미워! 아마 우주에서 가장 못된 인공 지능일 거야."

캔도 부글부글 끓는 소리를 냈다.

"저런 녀석한테 또 속은 우리가 바보지!"

"그걸 이제 알았냐? 멀쩡히 고향으로 돌아가고 싶다면 내 말을 잘 듣도록. 알겠나, 부하들아!"

라세티가 조급한 목소리로 끼어들었다.

"그래, 네가 대장 해. 그보다 지금은 빨리 풍야쿵을 막으러 가야 한다고. 둘을 떨어뜨려 놓아야 한단 말이야."

"글쎄……. 너희 말을 내가 왜 들어야 하지? 좀 더 공손히 부탁해 보지 그래?"

그때 별안간 합수스가 넙죽 모니터 앞에 엎드렸다.

"인피니티 님! 제발 제 조카를 찾아 주세요! 이 일은 인피니티 님만 하실 수 있습니다! 이렇게 부탁드립니다!"

합수스의 외침이 얼마나 슬픔에 젖어 있는지, 냉혈한 인피니티마저도 마음이 흔들릴 지경이었다.

쿠슬미가 인피니티 마음을 눈치채고 합수스 옆에 붙었다.

"오오~, 멋진 인피니티 님! 부탁합니다!"

캔과 라세티는 기가 찼다. 지금껏 인피니티와 가장 많이 다투던 쿠슬미가 저렇게 넙죽 엎드리다니……!

"야, 쿠슬미! 너 뭐 하는 거야? 자존심도 없어?"

그러자 쿠슬미가 도끼눈으로 둘을 찌릿! 째려보았다. 그리고 인피니티에겐 들리지 않을 정도로 작게 속삭였다.

"너희도 얼른 해! 이대로 영영 풍야쿵을 놓치고 싶어?"

캔과 라세티는 곧장 허리를 굽혔다. 인피니티가 아니라 쿠슬미가 무서워서.

인피니티는 즉시 아우리온 레이더를 가동했다.

반경 100킬로미터 이내의 아우린 생체 신호를 탐지해 보니, 풍야쿵은 모르븝의 집에 있었다.

풍야쿵이 저곳엔 어쩐 일로 간 걸까? 초대받았나? 하지만 이곳의 사랑엔스들은 처음 보는 존재에게 경계심을 절대 늦추는 법이 없는데…….

"일단 출발하자꾸나! 한시라도 빨리 풍야쿵과 야무를 떨어뜨려 놓아야 돼! 인피니티……가 아니라 멋쟁이 대장님! 가시죠!"

'쳇, 왠지 저 녀석들한테 휘둘리는 느낌인데.'

인피니티는 께름칙하긴 했지만, 빠다의 말에 본능처럼 재빨리 움직였다. 제멋대로 하려는 욕심이 가득하긴 하지만, 결국은 누군가의 명령대로 움직이는 인공 지능이기도 했으니까.

그 시각, 퐁야쿵 일행은…….

모르붑에게 초대된 것도, 모르붑과 싸우러 간 것도 아니었다. 그들은 모르붑의 지하 감옥에 갇혀 있었다.

아우린이라면 누구나 주먹을 상대의 머리에 살포시 올리는 행위가 무슨 뜻인지 안다. 아우레에서 그 행동은 '당신이 무척 마음에 든다'는 의미였다. 풍야쿵은 똘똘한 야무를 몹시 마음에 들어 했기 때문에 아우레 최고의 존중 표현을 한 것이다.

하지만 그 의미를 사랑엔스들이 알 리 없었고, 때마침 시장을 지나던 모르붑 눈에는 이상하게 생긴 녀석이 야무를 공격하는 것으로만 보였다. 모르붑은 지체할 새 없이 풍야쿵을 체포했다.

모르붑은 야무에게 다친 곳은 없는지, 삼촌은 어디에 있는지 물었다. 야무는 시무룩하게 자신이 본 광경을 말했다. 삼촌과 친구들은 쓰러져 버렸다고. 마치 죽은 듯이.

"죽어?! 저 녀석들이 내 은인을 해쳤구나! 저들을 사형에 처하겠다!"

거기, 나와!
철컹
오해가 풀렸나 보군. 야무가 잘 설명해 준 모양이오.
그런데 저놈 표정이 영 심상치 않은데요….
지금이라도 공격할까요?
따라와!
음… 일단 영리한 야무를 믿어 보지.
네!

모르붑과 병사들은 횃불도 들지 않은 채 풍야쿵 일행을 이끌고 조용히 이동했다. 어두운 밤길을 한참 걸어가니 강이 보였다. 달밤의 강은 푸른빛을 내며 유유히 흐르고 있었다. 비옥한 토지 덕분에 열매와 잎사귀가 무성한 나무들이 바람을 따라 가지를 흔들거렸다.

풍야쿵은 아름다운 풍경에 마음이 턱 놓였다.

"그러고 보니 지구 생명체들은 반가운 친구에게 음식을 대접한다고 했지. 저들도 우리와 친해지고 싶어서 강변에 만찬을 준비해 두었나 보오. 하하. 깜짝쇼는 언제나 즐거운 법이지. 전부 놀라는 척하시오. 그게 예의니까! 이것 참, 답례를 준비 못 했군."

"깜짝 놀라는 척하겠습니다, 장군님."

저 녀석들을
거꾸로 매달아라!
모두 사형이다!
으응?
휘리릭
자, 잠깐!
삐질
이게
아닌데…?
으아아!
쑤욱

풍야쿵과 부하들은 순식간에 나무에 거꾸로 매달렸다. 격렬한 몸부림에 아우린들을 묶은 밧줄이 점점 처지며 찰랑찰랑 차가운 물이 정수리에 닿을락 말락 했다. 피가 머리로 쏠려서 얼굴은 터질 것만 같았다.

"으아아, 살려 주시오! 내가 지구 생명체를 너무 얕봤소! 으아아, 진짜 무서운 종족이구려!"

한편, 탐사대는 풍야쿵 일행이 어떤 상황에 처했는지 모른 채 그들을 찾아 하늘을 헤매고 있었다. 처음엔 모르붑의 집으로 향했지만, 모르붑의 딸에게서 풍야쿵 일행이 강으로 끌려갔다는 이야기를 듣고 강 주변을 훑던 참이었다.

"으, 어두워서 아무것도 안 보여."

"이렇게 추운 밤에 강에서 헤엄치고 노는 건 아닐 테고…….

앗, 저게 뭐지?"

야무가 아래에서 횃불을 흔들고 있었다. 다급한 얼굴로 한 쪽을 가리키면서 뭐라고 고래고래 소리치는 것 같기도 했다.

"응? 야무가 왜 저러는 거지?"

"우리더러 저쪽으로 가 보라는 뜻 같아!"

야무의 손끝을 따라가 보니…….

아우린 살려!
어푸
어푸
꼬르륵
푸하! 누가 좀
살려 주시오~!

저기 풍야쿵이
잡혀 있다!
어서 풍야쿵을
구해라!
쿠슬미,
어서! 빨리!
네!
저러다
큰일 나겠어!

저게…
뭡지?
슈우우웅
?
콰악
신이
노하셨다!
으아아아!
도망가자!
백
혼비
산

사랑엔스들이 기겁하며 달아난 사이, 탐사대는 풍야쿵과 부하들을 건져 냈다. 야무도 냉큼 아우리온에 올라탔다. 드디어 모두가 무사히 다시 돌아왔다.

풍야쿵은 얼굴이 하얗게 질린 채 폭포처럼 말을 쏟아 냈다.

"후아~, 죽는 줄 알았소! 빠다 관장, 그대의 말대로 지구에는 몹시 잔인하고 무서운 종족들이 살고 있었소. 아마도 우주에서 최고로 위험한 행성인 듯하오. 다, 당장 준비하시오."

그 말은 빠다에게 무척 반가운 소리였다.

"오, 그렇죠? 풍야쿵 장군, 지구는 무서운 행성이라고 내가 처음부터 말하지 않았습니까! 그럼 서둘러 아우레로 돌아갑시다. 쿠슬미, 어서 웜홀을 열어라."

그러나 풍야쿵의 다음 말이 빠다의 기대를 저버렸다.

"무슨 소리요? 내 말은 지구를 공격할 준비를 하라는 뜻이었소. 아우레 최고 장군의 자존심이 있지, 나를 물먹인 자들을 가만둘 수는 없소! 자, 당장 이 도시를! 아니, 저 생명체들을 전부 없애 버립시다!"

헉! 최악의 전개였다. 자칫하다간 아우레가 멸망하기 전에 지구부터 가루가 되어 사라질 판이었다.

쿠슬미가 황급히 풍야쿵을 가로막았다.

"자, 잠깐만요! 장군님, 그게 진짜 좋은 방법일까요?"

"뭐요? 그럼 내 결정이 틀렸다는 거요?"

쿠슬미가 자신의 말에 토를 달자 풍야쿵은 울컥했다. 이놈이고 저놈이고 감히 우주 최고 장군에게 대들다니!

풍야쿵의 매서운 눈빛에 쿠슬미는 진땀이 삐질 났지만, 지지 않고 말을 이어 갔다.

"지금 공격하려다간 아우리온의 밝은 빛 때문에 금방 눈에 띄어서 모두 도망쳐 버릴 거예요. 차라리 내일 날이 밝으면, 그때 일망타진하는 게 어때요?"

듣고 보니 일리가 있는 말이었다. 풍야쿵의 기세가 조금 움츠러들었다.

"흠, 그대 말이 맞소. 나답지 않게 너무 흥분했군."

풍야쿵과 부하들은 쿠슬미가 건네는 잔에 든 음료를 꿀꺽꿀꺽 들이켰다. 한 잔, 두 잔, 세 잔. 굳어 있던 이들의 표정이 점점 풀어지기 시작하더니…….

이제 남은 것은 아우리온을 띄워 우주로 나가는 일뿐!

"좋아, 고지가 코앞이구나! 얼른 합수스와 야무를 집으로 돌려보내고 우리는 아우레로 돌아가자꾸나. 아차! 그 전에 할 일이 있지."

탐사대는 풍야쿵과 부하들을 침실로 옮기고 움직이지 못하게 밧줄로 단단히 묶었다. 풍야쿵의 오라클도 잊지 않고 챙겼다. 혹시라도 이들이 중간에 깨어나서 탐사대의 일을 방해할 수 없도록.

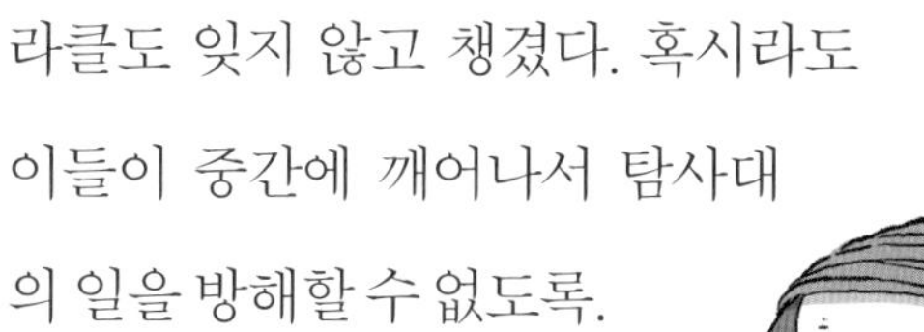

"자, 이제 정말 준비 끝이지? 돌아가자, 우리들의 고향으로!"

안녕, 지구

풍야쿵 일행이 제대로 묶여 있는지 두 번 세 번 확인하고서야, 쿠슬미는 침실 문을 잠갔다. 잠에 곤히 빠진 그들의 모습은 밖에서 계속 모니터로 감시할 수 있었다.

아우리온은 금세 합수스의 앞마당에 도착했다. 탐사대와 두 발 생명체들이 차례로 아우리온에서 내렸다. 한동안 말이 없던 야무가 눈물을 글썽이며 빠다를 바라보았다.

"나도 따라가면 안 돼요?"

빠다는 고개를 저었다. 탐사대가 지구에 온 본래 목적은 야무가 아우레로 오는 역사를 없던 일로 만드는 것. 마음은 아프지만, 야무를 데려가면 그동안의 고생이 물거품이 된다.

라세티와 캔과 쿠슬미가 차례차례 야무와 손을 맞잡았다.

"야무, 고마웠어. 너를 만나서 참 재미있었어. 우주의 기운이 너를 보살피길."

"라세티. 잘 가요."

"야무, 너 빵 많이 먹고 키 쑥쑥 커라. 알겠지?"

"캔도 건강해야 해요."

"야무, 이건 이제 우리에게 필요하지 않으니 네게 선물할게. 이 오라클이 우리 우정의 증표야. 안녕."

"쿠슬미, 고마워요."

야무는 쿠슬미가 목에 걸어 준 오라클을 만지작거리며 울지 않으려 애썼다.

이번엔 빠다가 야무 앞에 섰다.

"쿠, 아니 야무야. 헤어지는 것은 안타깝지만, 네가 아우레에 오게 되면 우리가 널 미워할 수밖에 없는 일이 벌어지게 돼. 지구에서 잘 지내려무나."

"관장님도 잘 지내세요."

마지막으로 말더 차례였다. 말더는 입술을 옴짝거리다 겨우 담아 뒀던 말을 꺼냈다.

"네가 정말 미워서 못되게 군 건 아니야. 우리 행성을 위해서 그런 거니까 너무 원망하지 마라. 그러니까 내 말은…… 그동안 미안했다고! 다음에 만날 땐…… 친구가 되자."

말더의 말에 야무 눈에서 간신히 참고 있던 눈물이 둑이 터진 것처럼 콸콸 쏟아졌다.

"흐아아앙~! 헤어지기 싫어~! 엉엉."

아우린들은 슬퍼하는 야무를 오래도록 꼬옥 안아 주었다. 아우린과 사랑엔스의 그림자가 서로 겹쳐진 채로 새벽녘 햇살에 길게 늘어졌다.

라세티와 탐사대 그리고 쿨쿨 잠든 풍야쿵 장군과 부하들을 태운 아우리온이 빛처럼 우주로 날아올랐다.

"자, 웜홀을 통과할 거야. 다들 안전띠를 꼭 매!"

웜홀로 들어서기 직전, 캔이 빠다의 손을 붙잡았다.

"잠깐만요! 아우레로 돌아가면 관장님은 둘이 되는 거 아니에요? 키벨레의 관장님과 지금의 관장님. 똑같은 두 아우린이 만나면 어떻게 되는 거예요?"

그 말에 쿠슬미도 표정이 굳어졌다.

"그러네? 아우리온 두 대가 만났을 때 하나가 사라져 버렸잖아. 설마 관장님도……?"

캔의 말대로 과거의 아우레로 돌아가면 키벨레를 관장하는 빠다가 있을 것이었다. 동시에 아우리온에 탄 빠다도 존재한다. 같은 시간과 공간에 같은 존재가 둘 있을 순 없다. 그러면 둘 중 하나는 사라진다. 그것이 우주의 법칙이니까.

빠다가 씁쓸한 표정을 지었다.

"내가 사라지든, 그가 사라지든 둘 중 하나는 사라질 게야. 풍야쿵의 아우리온이 나타났을 때 우리 아우리온이 사라졌듯이. 하지만 이미 각오한 바다."

그 말에 라세티도 캔도 질색을 했다.

"안 돼요! 관장님이 사라지게 둘 수는 없어요. 그동안 함께 한 시간이 얼만데요!"

"그러지 말고 저와 캔과 함께 미래의 아우레로 가서 함께 살아요, 관장님."

그 말에 빠다는 잠시 망설였다.

내색하지 않았지만 빠다도 겁이 나긴 마찬가지였다. 키벨레의 빠다가 사라지면 다행이지만, 운이 나빠서 자신이 사라질 수도 있었다. 어느 쪽이 사라질지는 아무도 몰랐다.

그때 말더가 소리쳤다.

"안 돼! 빠다는 반드시 키벨레로 가야 해!"

캔이 말더에게 으르렁거렸다.

"야, 말더. 너 끝까지 못된 소리 할래? 관장님이 사라질지도 모른다잖아!"

그러나 말더는 고집을 꺾지 않았다.

"빠다는 나를 키벨레 관장 자리에 앉혀 주겠다고 약속했어. 억울하게 쓰레기 처리장으로 쫓겨난 것도 서러운데, 그 약속까지 포기하라고?! 절대 싫거든? 난 반드시 관장이 되고 말 거라고!"

그 말에 빠다는 고개를 끄덕였다.

"그래, 분명 약속했지. 그 약속은 꼭 지킬 거다."

"그러니 빠다 당신, 사라지기만 해 봐! 빠다뿐만 아니라 우리 모두 사라져선 안 된다고!"

"우리? 또 누구?"

말더의 말에 쿠슬미가 눈을 동그랗게 떴다.

"멸망 전의 키벨레엔 쿠슬미 너도 한 명 더 있잖아!"

"맙소사! 그랬지!"

과거의 아우레로 갔을 때 위험한 건 빠다만이 아니었다. 그곳엔 수석 연구원 말더도 있고, 키벨레 착륙장 엔지니어 쿠슬미도 있었다.

그때 인피니티의 얄미운 목소리가 흘러나왔다.

"다들 쓸데없는 걱정을 하고 있군. 아우리온은 과거로 가지 않는다. 라세티와 캔이 살던 황폐한 미래 아우레로 돌아갈 거니까!"

"뭐어?"

"키벨레에 가면 나 역시 둘 존재한다. 나도 사라지기 싫거든."

인피니티는 마음대로 웜홀 좌표와 시간대를 바꾸었다.

"자, 웜홀을 생성한다. 우리는 라세티, 캔, 쓰레기 상인 말더가 살던 시대로 간다! 그곳에서 다 함께 사는 거야."

이런 일은 계획에 없었다. 우주에서 가장 번영한 옛 아우레가 아닌, 쓰레기밖에 없는 후대의 아우레로 돌아가야 한다니.

아우레를 구한 모험가로 환대받으려던 라세티의 목표가 와장창 깨졌다. 우주 최고의 인기 스타가 되려던 캔의 상상도 먼지처럼 흩어졌다. 아우리온을 조종한 비행사로서 이름을 날리고 싶던 쿠슬미도 마찬가지였다. 새롭게 관장이 되어 키벨레에 복귀하려던 말더는 말할 것도 없었다.

"제발, 인피니티!"

탐사대가 사정했지만, 아우리온을 장악하고 있는 인피니티는 제멋대로 웜홀을 만들었다.

"이제 출발한……."

뚝.

어라? 갑자기 인피니티가 잠잠해졌다.

뒤를 돌아보니, 빠다가 계기판에 꽂혀 있던 인피티니의 칩을 들고 있었다.

"더는 인피니티가 필요 없지. 풍야쿵이 지니고 있던 오라클로 아우리온을 조종하면 될 일이야."

빠다가 풍야쿵의 오라클을 꽂고 칩을 뽑은 순간, 아우리온 시스템에 들어앉아 있던 인피니티는 그대로 칩 속에 빨려 들어가 버렸다.

"으아아! 라세티 님, 주인님, 저를 꺼내 주세요. 앞으로 말 잘 들을게요. 정말이에요."

다시 별 볼 일 없는 신세가 된 인피니티는 꺼내 달라고 울부짖었지만, 누구도 대꾸하지 않았다.

"흥, 이제 대답도 해 주지 마."

"그래. 저런 괘씸한 인공 지능은 가는 길에 버리고 가는 게 낫겠어."

빠다가 다시 한번 힘차게 외쳤다.

"자, 쿠슬미. 다시 번영한 아우레의 좌표를 입력해라. 다들 안전띠를 매고 자리에 앉도록. 진짜로 웜홀을 통과한다!"

이윽고 거대한 웜홀이 활짝 열렸다.

가안다아~
아안 돼애애~!
자알 가라,
인피니티이이이~

(마지막으로) 웜홀 통과 중
꽈악
잡아아아~!

6화

그리운 고향 아우레로

아우레 상공에 아우리온이 나타났다.

하늘에 떠 있는 키벨레가 웅장했다. 아우레는 화려하고 분주했다. 각양각색의 건물들이 가득했고, 아우린들은 행복한 얼굴로 거리를 걷고 있었다. 여러 행성에서 온 우주선들이 끊임없이 이륙하고 착륙하는 모습이 아우레에 활기를 불어넣고 있었다.

"만세! 아우레다! 아우레로 돌아왔어!"

탐사대의 임무도, 마지막 시간 여행도 모두 성공이었다. 드디어 꿈에 그리던 아우레에 왔다.

아우리온이 키벨레 제2 착륙장에 미끄러지듯 들어갔다. 쿠우우우! 아우리온이 엔진 소리를 내며 착륙장에 내려앉았다.

그 순간, 아우리온 안쪽 침실에서 풍야쿵의 비명이 들렸다.

"으아아아! 설마 우주 최고의 장군이 한낱 해적에게 잡힌 건가! 이건 아우레의 수치요!"

모니터를 확인하니, 풍야쿵 일행이 모두 깨어나 있었다. 아우리온이 착륙하는 소리에 정신을 되찾은 모양이었다.

탐사대는 침실로 가 풍야쿵과 부하들을 묶은 밧줄을 풀어 주었다. 풍야쿵이 무어라 질문할 새도 없이, 빠다가 수선을 떨며 연기를 시작했다.

"풍야쿵 장군! 정말 잘했소!"

"빠다, 내가 왜 여기 잠들어 있는 거요? 아니 그 전에, 내가 뭘 잘했다는 거요?"

"장군께서 우주 해적을 물리치고 지쳐 쓰러졌잖습니까!"

"내가?"

"예! 쓰러진 장군이 심하게 뒤척이시길래 다치지 않게 침대에 묶어 둔 거고요."

"그, 그렇소?"

"이럴 시간이 없소! 얼른 장군의 공로를 만천하에 발표해야지요!"

탐사대는 어리둥절해하는 풍야쿵 일행을 앞세워 아우리온 출입구 앞에 섰다.

각오해야만 했다. 이 문을 열고 나가면 빠다는 또 하나의 빠다와 마주할 테고 둘 중 하나는 펑 사라질 것이다. 빠다가 비장한 얼굴로 탐사대의 손을 꼭 쥐었다.

"얘들아, 마음의 준비는 되었니?"

"네, 관장님!"

탐사대의 각오를 꿈에도 모르는 풍야쿵은 그저 지도부의 칭찬을 받을 생각에 신나 있을 뿐이었지만.

한편, 키벨레에 있는 빠다 관장, 그러니까 과거의 빠다에게도 풍야쿵의 우주선이 도착했다는 소식이 전해졌다.

"관장님, 지구로 갔던 풍야쿵 장군이 돌아왔습니다!"

"핫, 어서 나가 보자!"

과거의 빠다는 한달음에 착륙장으로 달려 나갔다. 풍야쿵 장군이 어떤 결과를 가지고 왔을지 기대하는 마음으로.

'예상보다 훨씬 빨리 왔군. 역시 아우레 최고의 장군이야.'

아우리온에서 내린 풍야쿵은 눈앞의 빠다를 보고 소스라치게 놀랐다. 분명히 빠다는 자신과 함께 아우리온에 타고 있었는데, 언제 순간 이동을 해서 바깥에 서 있는지 의아했다. 그런데 뒤돌아보니 여기도 또 한 명……? 풍야쿵은 자신이 본 광경을 믿지 못해 눈을 비비적댔다.

"장군, 왜 그러시오?"

"아, 아, 아니……. 내 눈이 이상한 건가? 관장이 둘……?"

"응? 그게 무슨 소리입니까?"

그와 동시에 과거의 빠다 눈에 풍야쿵 장군 뒤에 숨은 존재가 들어왔다.

"그자들은 누굽니까?"

고개를 쭉 빼서 살펴보니…… 헉!

키벨레에 있던 과거의 빠다가 놀란 얼굴로 풍야쿵 뒤의 빠다에게 조금씩 다가섰다. 두 빠다가 서로 가까워진 순간…….

펑!

커다란 소리와 함께 착륙장에 연기가 자욱이 일었다.

급한 마음에 라세티와 캔은 손을 휘저어 연기를 흩뜨렸다. 사라진 건 어떤 빠다일까?

열어진 연기 사이로 윤곽 하나가 드러났다.

"콜록, 콜록! 관장님! 괜찮으세요?"

무슨 말이라도 해 주길 바랐지만 빠다는 대답이 없었다. 어쩌면 가끔은 바보 같지만 인자하던, 지구에서의 모험을 함께 한 동료 빠다가 아니라, 냉철하고 깐깐한 과거의 빠다가 살아남은 걸지도…….

"안 돼! 우리 관장님이 사라졌나 봐!"

눈물이 쏟아지려는 순간, 드디어 빠다 목소리가 들렸다.

"애들아, 나다! 너희의 친구 빠다!"

하지만 위기는 아직 끝나지 않았다. 저쪽에서 익숙한 목소리가 들렸다.

"관장님! 빠다 관장님! 보고드릴 일이 있습니다!"

말더 목소리였다. 그리고…….

"제발 봐주세요, 수석 연구원님. 네? 두 번 다시 안 그러겠다니까요?"

쿠슬미 목소리까지! 탐사대는 얼른 기둥 뒤로 몸을 숨겼다.

"이제 어쩌죠? 쿠슬미도 말더도 사라질지도 몰라요!"

"흠, 여길 몰래 빠져나가야 할 텐데……."

그 순간, 풍야쿵이 천진난만하게 말더를 불렀다.

"어~이! 빠다 관장은 여기에 있소~!"

"장군! 대체 이게 무슨 짓이오!"

빠다가 풍야쿵 입을 막으려 했지만, 이미 수석 연구원 말더는 이쪽을 눈치챈 모양이었다.

지구의 위성이 하나 있는데, 그것도 꽤 쓸 만해 보였거든. 그걸 탐사하는 걸 깜박했지 뭡니까.
헉!
그러니 얼른 저 동그리호를 타고 그 위성에 잠시 다녀와 주시오.
오, 그새 다른 종족이 차지하면 아까워서 어쩌나~. 우주 해적이라거나….
그건 절대 안 되지! 내 얼른 다녀오겠소.
휴우~, 다행.
얘들아, 얼른 가자!
네?
네네.

풍야쿵은 이번에는 절대로 우주 해적에게 당하지 않겠다고 다짐하며 새로운 우주선에 올랐다. 탐사대가 해맑게 풍야쿵을 배웅했다.

그렇게 풍야쿵은 해결했지만 위험은 점점 다가오고 있었다. 수석 연구원 말더와 엔지니어 쿠슬미의 얼굴을 하고서!

"쿠슬미, 말더! 얼른 더 멀리 피해!"

그런데 아까 전까지 조마조마한 모습으로 숨을 곳을 찾던 둘은 우뚝 서서 꿈쩍도 하지 않았다.

"아니, 마음이 바뀌었어. 언제까지 도망만 다닐 순 없잖아. 우리도 관장님처럼 당당히 맞서겠어."

"그래, 관장이 되려면 이 정도 일쯤은……!"

말더도 쿠슬미 옆에 나란히 섰다.

"안 돼! 너무 위험해! 그러지 마!"

라세티가 말렸지만 이미 늦었다.

어떻게 된
게야!
콜록
콜록

쿠슬미, 말더!

우리 여기 있어!

얘들아!
걱정했지?
흥,
호들갑은.

"쿠슬미! 말더!"

쿠슬미도, 말더도 그리고 빠다도, 다행히 소중한 동료들이 한 명도 사라지지 않고 남았다. 기쁨의 눈물이 볼을 타고 주르륵 흘렀다.

"너희 정말 겁도 없다. 사라지면 어쩌려고 그랬어? 살아남을 줄 알고 있었던 거야?"

그러자 쿠슬미가 찡긋 윙크했다.

"라세티가 매번 말하던 긍정 에너지를 믿었지!"

헛소리라고만 생각했던 라세티 말이 결정적인 순간 도움이 되었다니, 긍정 에너지는 정말로 있는 걸까?

"그럼 이번엔 다 같이 기쁨의 우주 체조도 해 볼래?"

라세티가 양팔을 쫙 펴며 우주 체조의 첫 동작을 선보였다.

아우린들이 일제히 와하하하, 웃음을 터뜨렸다. 착륙장이 행복한 웃음으로 가득 찼다.

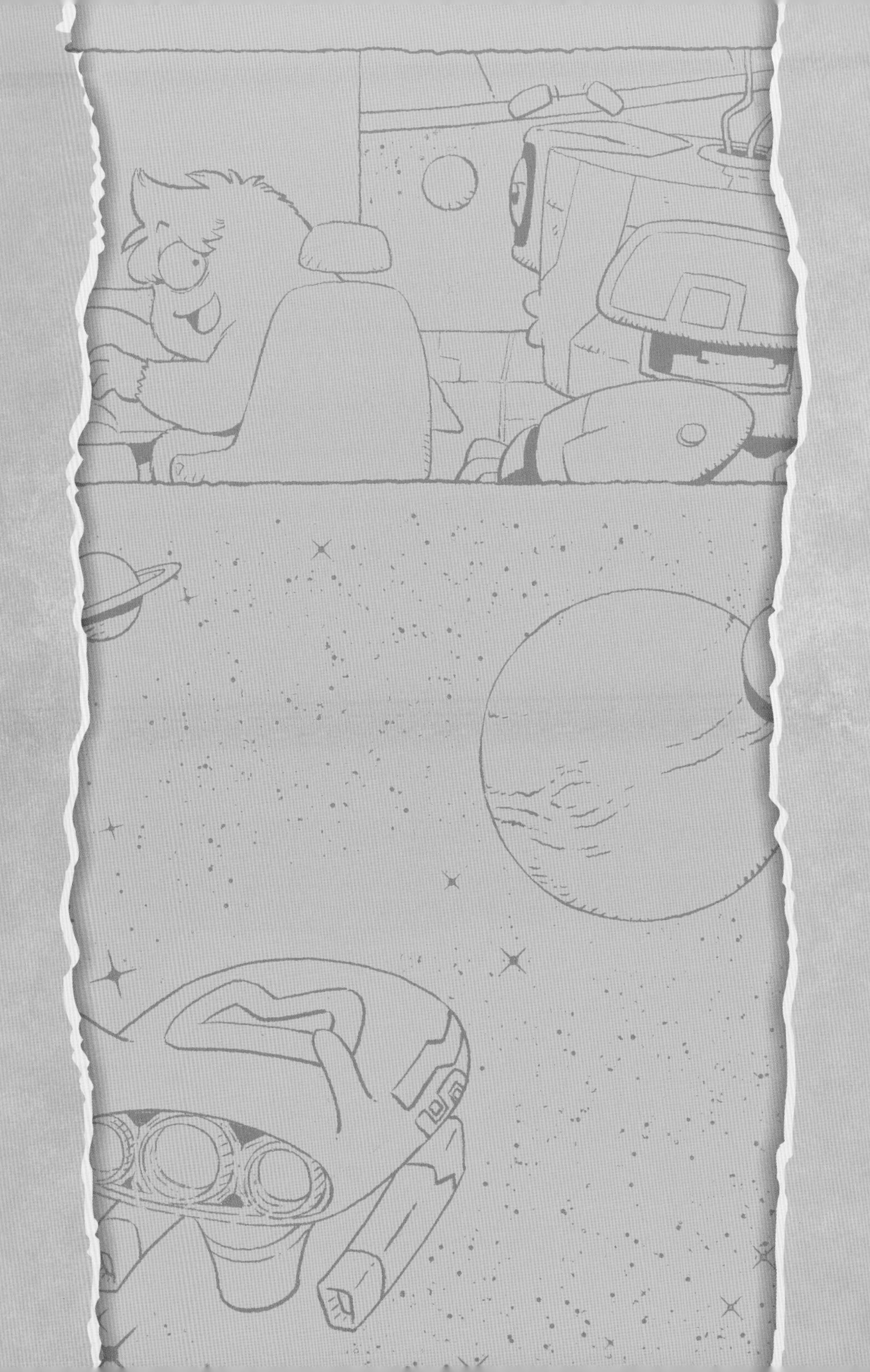

7화

위대한 모험의 끝

이제 아우레엔 한 명의 빠다, 한 명의 쿠슬미, 한 명의 말더만 남았다. 방해할 풍야쿵도 없고, 또 못된 인피니티도…….

"아, 참!"

어떤 사실을 떠올린 빠다가 서둘러 어디론가 향했다. 키벨레 전체를 관리하는 인공 지능 슈퍼컴퓨터, 인피니티의 메인 시스템이 있는 중앙 통제실이었다. 아직 아우레를 멸망시킬 음모를 꾸미지 않은, 과거의 인피니티가 빠다를 맞아 주었다.

"환영합니다, 빠다 관장님."

인피니티는 평소와 다름없이 빠다를 스캔했다. 그런데 빠다의 상태가 그간의 데이터와 달랐다.

"급격한 노화 감지! 밤사이에 무슨 일이 있으셨습니까?"

"인피니티, 그동안 네게 많이 의지했지. 사소한 것부터 아우레의 운명을 바꿀 중요한 판단까지 말이야. 참 고마웠다."

빠다는 제 말만 하며 계기판에 접근했다. 그리고 인피니티의 가장 핵심 영역을 관장하는 카드에 손을 얹었다.

"하지만 이제부턴 아우린들의 힘으로 아우레를 꾸려 가려고 한다. 네 도움 없이 말이야. 인피니티, 미안하다!"

그제야 이상함을 눈치챈 인피니티가 경보를 울리려 했지만 이미 때는 늦었다. 빠다가 카드를 확 뽑아 버리자, 우우웅 소리와 함께 인피니티의 빛이 사그라들었다.

침입자 발…!
아우레를 위해서
영원히 잠들어
다오!
쏙!

"관장님, 그게 뭐예요?"

"인피니티의 사고 능력을 제어하는 장치다. 그동안 나는 인피니티에게 너무 많은 것을 의존해 왔어. 인공 지능이 가장 이성적이고 합리적인 판단을 내릴 존재라고 믿어 왔지. 하지만 그건 잘못된 생각이었다. 인공 지능도 때로는 참 위험할 수 있다는 것을 똑똑히 깨달았어. 이제부턴 인피티니가 아닌 연구원들의 지혜를 믿어 보련다."

빠다가 말더를 돌아보았다.

"말더, 과거의 나는 중요한 순간에 널 믿어 주지 않았지. 내가 가장 인정하는 수석 연구원인데도 말이야. 미안하다. 내 사과를 받아 다오. 그리고 앞으로 키벨레를 맡아 주길 바란다. 새로운 관장으로서 능력을 발휘해 다오."

말더 얼굴이 쑥스러움으로 붉게 물들었다.

"칫, 됐어. 이제 와서 관장은 무슨! 말은 그렇게 했지만, 실은 그냥 사과를 받고 싶었을 뿐이야. 난 다시 내 시대로 돌아갈 거야. 쓰레기 상점이 날 기다리고 있다고."

그러자 캔이 으름장을 놓았다.

"그게 무슨 소리야! 말더, 키벨레 관장이 되는 게 평생의 소원이었다며? 걱정하지 말고 넌 여기 남아. 네 상점은 나랑 라세티가 맡아 줄 테니까!"

말더가 라세티와 캔을 찬찬히 바라보았다. 한때는 원수였지만 이제는 둘도 없는 소중한 친구였다.

"라세티, 캔. 너희에게 못되게 굴었던 것 사과할게. 너희는 아우레의 영웅이야. 나는 키벨레의 관장으로서 너희의 영웅담을 모두에게 알릴 거다."

이제 라세티와 캔이 떠날 시간이었다.

키벨레 관장이 된 말더는 연구원들을 시켜 라세티와 캔이 타고 갈 아우리온에 연료를 가득 충전해 주었다.

쿠슬미가 울먹였다.

"얘들아, 그냥 안 가면 안 돼? 여기서 함께 살자. 영웅 대접을 받으면서 말이야."

그러나 라세티는 고개를 저었다.

"처음에는 영웅이 최고 같았는데, 지금은 그냥 우리 집이 그리워. 내 바이크도……. 게다가 우리만 영웅인가? 너도, 관장님도, 말더도 모두 영웅이지. 안 그래, 캔?"

캔은 대답하지 않고 뜨뜻미지근한 표정을 지었다.

"너 왜 그래?"

"아, 아냐."

아우리온에 올라타기 전 라세티와 캔은 남아 있는 탐사대와 하나하나 작별의 포옹을 했다.

쿠슬미는 마음 깊이 안타까워하며 두 친구를 끌어안았다.

"라세티, 캔. 너희를 잊지 못할 거야."

빠다와 말더도 인사를 건넸다.

"보고 싶을 거다, 라세티, 캔."

"잘 지내라! 내 가게 잘 운영해!"

다시 돌아가면
또 쓰레기를 줍겠지?
그냥 여기 남을 걸
그랬나?
투덜
퉁명~
그래.
그럼 넌 내려.
아까부터 여기 남고
싶었던 거 다 알아.
너만 행복하다면…
나는 괜찮아….
뭐?!
울먹
라세티!
내가 널 두고
어딜 가겠어!
캔!
우와앙
와락!

"메인 시스템 확인! 엔진 가동 확인! 목적지 좌표 확인! 기온, 기압 문제없음! 비행 준비 완료!"

쿠과과과! 요란한 발진 소리와 함께 라세티와 캔이 탄 아우리온이 천천히 떠올랐다. 팟! 아우리온 앞 허공에 웜홀이 나타났다.

창밖으로 아우리온을 향해 손을 흔드는 친구들의 모습이 보였다.

"라세티, 쟤들 다시 만날 수 있을까?"

"그럼, 꼭 다시 만나게 될 거야."

안녕, 아우레.

안녕, 친구들.

야, 라세티. 이제 아우레가 멸망할 일이 없잖아. 그럼 우리 가서 쓰레기 줍지 않아도 되는 거 아냐?
응? 생각해 보니 그러네?
캬아~! 그럼 이제 뭘 하지? 난 최고의 장신구 디자이너가 되겠어!
12872년 대유행!
그럼 난 작가가 될래. 우리의 모험담을 널리널리 퍼뜨릴 거야!
〈라세티의 모험〉
출간 기념 사인회

그나저나
아우레는 어떤 모습이
되어 있을까?
글쎄?

뭐, 가 보면
알겠지~.
엄청
멋있어졌겠지?
흐흐.

한편, 과거의 아우레에선….
그 녀석들, 잘 도착했을까요?
그럴 게야.
벌써 또 사고를 쳤을지도….
기웃
샥
샤샥
여기가 어디지? 라세티를 보고 싶다고 생각했더니 이상한 곳에 도착했어.
이상한 목걸이 때문인가?
빼꼼
저건 무슨 뜻일까?
두리번
지잉

우아….
응?
이건 뭐지?
?
!

꾹
위잉
외계 생명체 야무, 나를 되살려 줘서 고맙습니다.
어떻게 내 이름을 알죠?
당신은 모험가가 되고 싶어 하는군요. 그 소원을 제가 이뤄 드리겠습니다.
저는 당신의 뇌파를 통해 생각을 읽습니다.
어떻게?
?
그 전에 해 주어야 할 일이 있습니다.

키벨레에
침입한 가짜들을
찾아내는 일!
두둥
《정재승의 인류 탐험 보고서》 10권 마침.
아우레 탐사대의 모험, 끝…?

라세티의 탐사일지

여기는 아우리온! 응답하라, 오버!

나와 캔은 원래 살던 시대로 향하는 웜홀을 통과 중이야.

(설마 또 시간 감옥에 갇혀 버리는 건 아니겠지?)

드디어 모든 것이 바라던 대로 됐어.

말더는 키벨레의 관장이, 쿠슬미는 정식 우주선 조종사가 됐고,

빠다 관장님은 처음으로 마음 놓고 쉴 수 있게 됐지.

우리도 이제 평화로운 아우레에서 살게 될 거야!

도착하기 전에 이제까지의 모험을 잘 정리해 둬야겠다.

아우레에 돌아가면 친구들에게 몽땅 이야기해 줘야지!

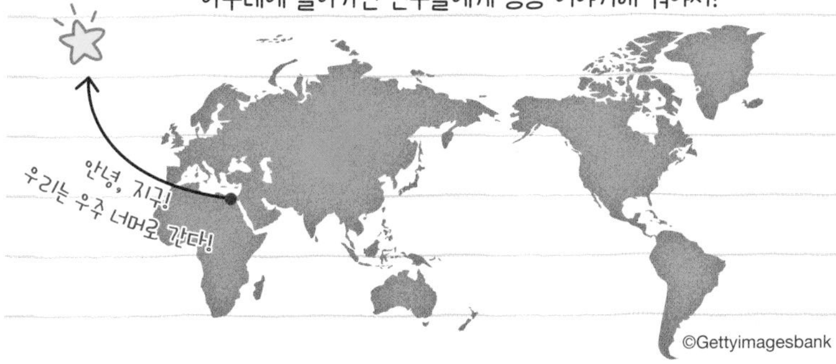

지금까지 우리는 지구에서 정말 많은 두 발 생명체들을 만났어.

오스트랄로피테쿠스 아파렌시스

루시는 지구에 와서 처음으로 만난 두 발 생명체야.

루시의 첫인상은 정말이지 최악이었어.

아우리온에 숨어들어 비상식량을 몽땅 먹어 버린 걸

내가 딱 잡아냈거든.

두 발로 걷는 모습이 너무 귀여워서 화를 낼 새도 없었지만.

나무도 얼마나 잘 타는지, 지상과 나무 위를 자유롭게 오갈 수 있는 능력자야!

호모 하빌리스

얘들에게는 사과해야 할 일이 있지.

고기를 훔친 것 말이야.

그렇지만 날카로운 석기로 고기를

맛깔스럽게 손질하는 걸 보고 배고픔을

참을 수 있는 아우린은 아무도 없을걸!

화가 난 호모 하빌리스들이 우릴 향해 석기를 치켜든 순간은… 정말 섬뜩했어.

이제 화 풀어 줄 거지, 얘들아? 응~?

호모 에렉투스

아주 추운 곳부터 아주 더운 곳까지, 호모

에렉투스는 지구 곳곳에 퍼져 살았어.

비결이 뭐였냐고?

긴 다리로 지쳐 쓰러질 때까지 달릴 수 있는 체력! 음식을 더 맛있게 만드는 불!

그리고 서로를 북돋아 줄 수 있는 언어, 마지막으로 전 세계 어디서든 적응할 수

있는 적응력이 아니었을까?

호모 네안데르탈렌시스

5~6권

'네안데르탈인'으로도 불리는 애들이야.
두 발 생명체 중 가장 거대한 뇌와
다부진 몸으로 지구 최강의 전사가 되었지.
그렇지만 네안데르탈인의 마음속에는, 죽은 동료를 기리며
장례 의식을 치르고, 아름다운 장신구를 좋아하는
섬세함도 숨어 있어.
그리고 얘들과 함께 바다를 건너가 봤더니….

호모 사피엔스

짜잔! 호모 사피엔스를 만났어.
우연한 생각의 변화로 지구 최후의
생존자가 된 몸이지.
그것 때문일까? 협동심이 뛰어나
단체 생활이 체질인 녀석부터
말도 안 되는 이야기를 지어내는 말썽꾼, 동물과 더불어 살아가는
동물 애호가까지, 호모 사피엔스는 저마다 개성이 넘쳐.
결국 그 개성들이 모여서 고대 문명이라는 엄청난 결과까지 불러일으켰어!

히야, 추억이
새록새록~.

우리의 지구 모험은 이렇게 끝이 났어.

아우레는 이제 어떻게 변할까?

나의 후손, 나를 쏙 빼닮은 갈색 아우린은

평화로운 세상에서 잘 살고 있으려나?

우리가 없는 동안 지구에선 또 어떤 일들이 일어날지도 너무 궁금해.

아우레 탐사대의 모험에 함께해 준 친구들,

지금까지 정말 고마웠어!

아쉽게도 우리는 이만 떠나야 하지만,

우주 너머에서 언제나 지구 친구들을 응원할 거야!

너희도 우리를 오래오래 기억해 줘!

…인 줄
알았지?!

초특급
비밀 탐사일지

절대 보지 마시오.

열어 보면

죽음!

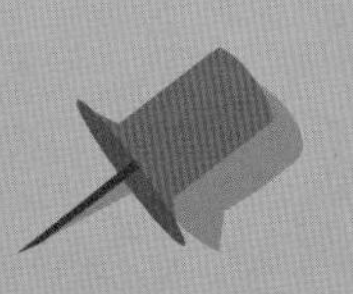

차례

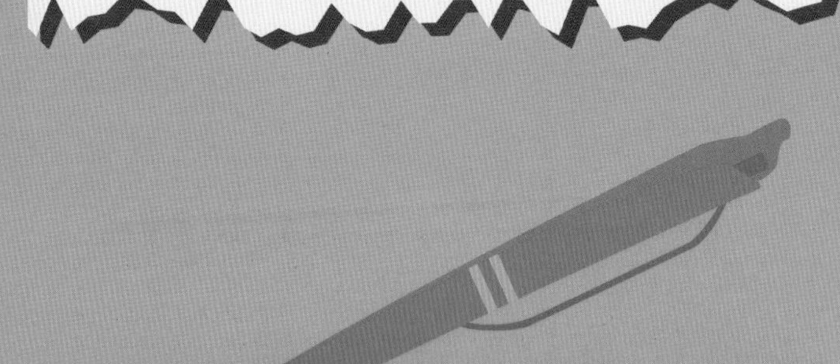

외계인의 흔적일지도 몰라!

기묘한 지구 유물 보고서

이건 특급 비밀인데, 사실 우리는 지구 곳곳에서 정말 이상한 것들을 발견했어. 도무지 지구인이 만들었다고는 믿기지 않는 것들을 말이야. 너희에게만 특별히 공개할게.

길쭉한 두개골은
높은 지위의 상징!

© Wikimedia Commons

외계인의 기술력? 잉카의 뇌 수술

정수리에 구멍이 뻥~! 맹수에게 당한 걸까?
땡! 이건 바로 뇌 수술의 흔적이야. 두개골의 주인은 600여 년 전 잉카인으로, 부상이나 정신 질환을 치료하기 위해 두개골에 구멍을 뚫는 '천두술'을 받았어. 놀랍게도 당시 천두술은 80%나 되는 높은 생존율을 자랑했대! 외계 기술을 쓴 게 아니라면 가능할 리가!

▶ 상처를 치료한 호미닌이 또 있었다고? 궁금하면 5권으로!

외계인을 위한 작품? 나스카 지상화

남아메리카 페루의 나스카 평원에는 약 2,300년 전 지구인들의 그림이 180점 이상 새겨져 있어. 동물 그림부터 도형까지, 종류도 다양하지.
나스카 지상화의 진짜 기묘한 점은, 그림 하나의 크기가 최대 300미터나 돼서 하늘을 날지 않는 한 절대 전체 모습을 볼 수 없다는 거야! 비행 수단도 없던 시대에 감상하지도 못할 그림을 남긴 이유는 뭐였을까?
어쩌면 나스카 지상화는 지구에 찾아오는 외계인들에게 건네는 환영 인사였는지도 몰라.

최초의 거대 인공 구조물, 괴베클리 테페

© Wikimedia Commons

괴베클리 테페는 여전히 발굴 중.

튀르키예의 괴베클리 테페는 수천 년에 걸쳐 세워졌는데, 가장 오래된 부분은 1만 년이 넘었대. 이집트의 대피라미드보다 7천 년, 인류 최초의 문명 도시라는 '수메르'보다도 5천 년이나 앞선 거야! 당시의 기술로 이만한 건축물을 지으려면 최소 500명은 필요했을 거야. 그런데 괴베클리 테페가 만들어진 건 호모 사피엔스의 집단생활이 완벽하지 않을 때라 500명이 모인다는 게 사실상 불가능했지. 게다가 이 유적은 시간이 지날수록 더 못 만들었다는데? 마치 진짜 실력을 숨기려는 듯이 말이야. 혹시 외계의 기술력을 감추려는 거였을까?

지구인은 해독할 수 없는 책, 보이니치 문서

270쪽짜리 보이니치 문서에는 별자리와 식물, 여성 그림이 빽빽하게 쓰인 문자와 함께 기록되어 있어. 무슨 내용이냐면… 그건 아무도 몰라! 책을 연구한 지 백 년이 넘었지만, 이 책의 내용을 아는 사람은 한 명도 없어. 책에 쓰인 문자가 지구 어디에서도 본 적 없는 독특한 기호거든. 아무렇게나 쓴 낙서가 아닌 건 확실한데, 지구인의 상식으로는 단 한 글자도 해석할 수 없대.

© Wikimedia Commons

▶ 문명과 문자의 탄생이 알고 싶다면 9권으로!

3cm 금박 위에 피어난 꽃, 선각단화쌍조문금박

선각단화쌍조문금박은 2016년에서야 세상에 드러난, 1300년 전 통일 신라 시대의 유물이야. 통일 신라는 원래부터 금 장신구를 만드는 기술이 남다른 것으로 유명한데, 선각단화쌍조문금박은 정말 차원이 달라. 두께 0.04mm, 가로 3.6cm, 세로 1.17cm의 손가락 한두 마디 정도로 조그마한 금박에 머리카락 두께보다 얇은 선으로 그림을 그려 넣었거든!

단화(꽃을 위에서 본 것 같은 문양)를 바라보는 새 한 쌍의 모습이 얼마나 섬세하고 정교한지, 지구에 전자 현미경이 발명되지 않았다면 영원히 알 수 없었을 거야. 아무리 세공 기술이 뛰어나다고 해도 그 시절에 어떻게 이런 수준의 작품을 만들 수 있었던 걸까? 아우레의 기술로도 따라 하기 힘들 걸작이야!

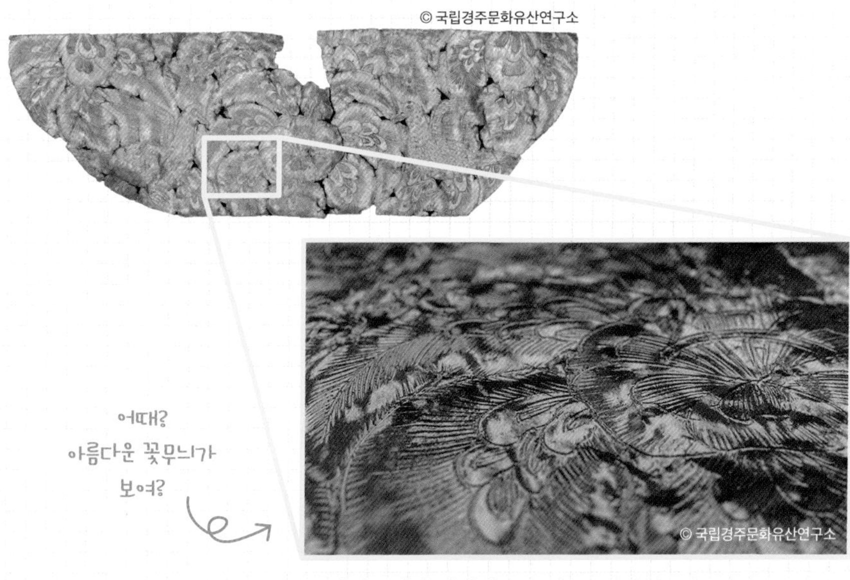

▶ 한반도의 호미닌이 궁금해? 그렇다면 8권으로!

지구인의 700만 년 역사

스쳐 지나간 호미닌들

지구에는 우리가 만났던 애들 말고도 정말 많은 호미닌들이 있었어.

그중 이야기에는 등장하지 않았지만, 그냥 넘어가기엔 아쉬운 녀석들을 소개해 줄게.

사헬란트로푸스 차덴시스 700만~600만 년 전

발견: 차드 공화국 두라브 사막

사헬란트로푸스 차덴시스는 루시의 조상의 조상의 조상의… 까마득한 조상님이야.

호미닌과 유인원의 특징을 동시에 가지고 있어서, 지구의 과학자들은 사헬란트로푸스 차덴시스를 어느 쪽으로 분류해야 할지 오랫동안 고민했어.

그러다 척추와 두개골이 연결되는 구멍인 '대공'의 위치가 두 발 걷기를 하는 호미닌에 가깝다는 것이 밝혀진 덕에 최초의 인류 조상으로 임명되었지.

하지만 아직까지 확실한 결론은 아니라는 거!

파란트로푸스 보이세이 230만~120만 년 전

발견: 탄자니아 올두바이 협곡

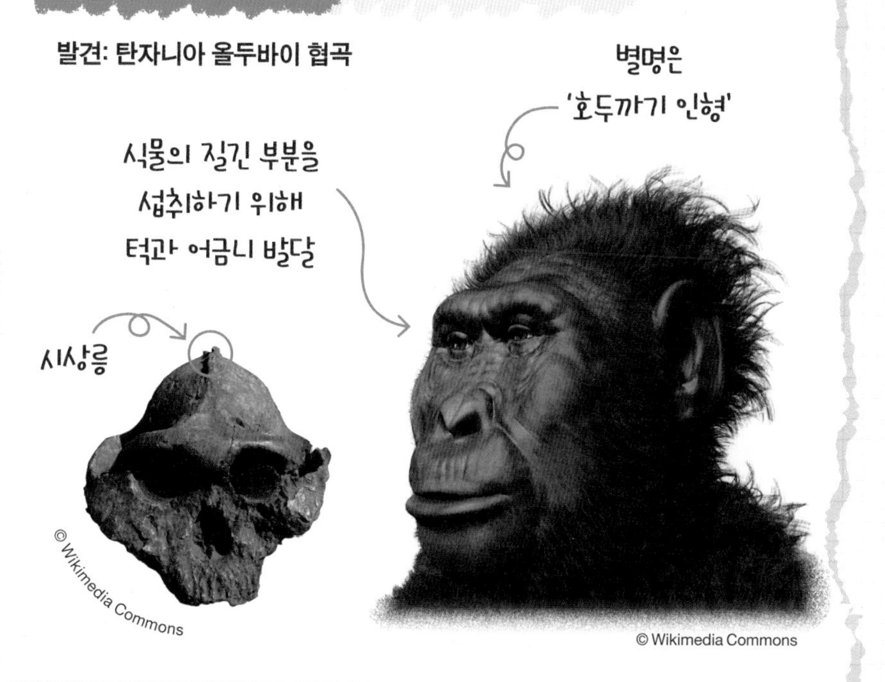

파란트로푸스 보이세이의 가장 큰 특징은 거대한 어금니와 튼튼한 턱뼈 그리고 정수리의 '시상릉'이야.

시상릉은 정수리에 뿔처럼 튀어나온 뼈로, 턱 근육이 발달한 동물에게만 있는 부위야. 영장류 중에는 수컷 고릴라와 오랑우탄이 가지고 있지.

파란트로푸스 보이세이는 호모 하빌리스 같은 호모속 호미닌들과 수십만 년 동안 생존 경쟁을 했어. 둘의 생존 전략은 대체로 비슷했지만 호모속은 뇌와 다리를, 파란트로푸스속은 턱과 위를 발달시켰다는 게 차이였지.

경쟁은 결국 호모속의 승리로 끝났어. 하지만 파란트로푸스속이 선택한 전략도 눈여겨볼 만해!

호모 하이델베르겐시스 70만~20만 년 전

발견: 독일 하이델베르크

호모 하이델베르겐시스는 인류 역사상 가장 덩치가 큰 호미닌이야.
평균 키 1.8m에 평균 몸무게도 100kg 정도고, 2m가 넘는 것으로 추정되는 유골이 발견된 적도 있대.
호모 하이델베르겐시스가 처음 발견된 건 독일의 하이델베르크지만, 녀석이 처음 태어난 곳은 아프리카였을 거라고 해.
죽은 동료를 묻어 주고, 여럿이 모여 살며 서로를 지키는 호모 네안데르탈렌시스와 호모 사피엔스의 습성은 직계 조상인 호모 하이델베르겐시스에게서 물려받은 것인지도 몰라.

호모 플로레시엔시스 10만~6만 년 전

발견: 인도네시아 플로레스섬

어떻게 바다 건너
플로레스섬까지
갔을까?

키는 1m,
뇌 크기는 침팬지 수준?

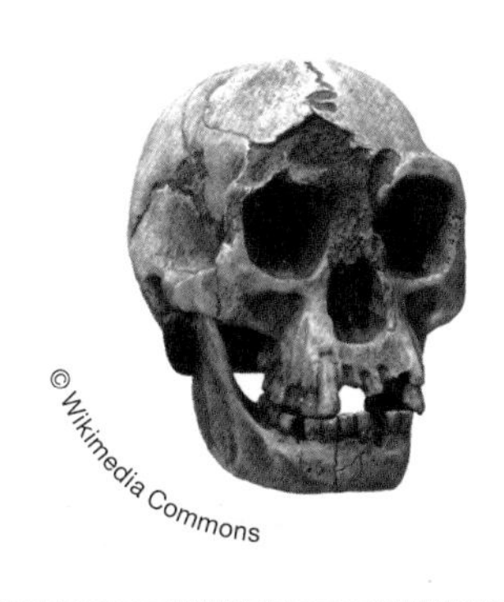

© Wikimedia Commons

© Wikimedia Commons

호모 플로레시엔시스의 경우는 호모 하이델베르겐시스와 완전히 반대야. 인류 역사상 가장 왜소한 호미닌이거든.
2003년, 호모 플로레시엔시스 유골을 발견한 지구인들은 충격에 빠졌어. 호미닌들은 무조건 점점 체격이 커지도록 진화한 줄만 알았는데, 300만 년 전 인류인 루시보다 몸집도 뇌도 작은 후손이 등장했으니 말이야.
과학자들은 "섬에 갇혀 덩치가 작아진 호모 사피엔스일 뿐이야!"라는 이들과 "호모 사피엔스와는 아예 다른 인류야!"라는 이들로 나뉘어 싸우기 시작했어. 아직 이 미스터리는 풀리지 않았어. 대체 정답은 뭘까?

그것이 알고 싶다!

~ 아우리온 편 ~

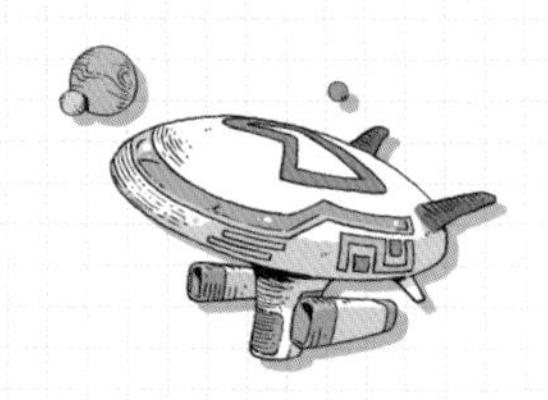

아우리온의 내부는 어떻게 생겼을까?

궁금했던 모든 것을 파헤친다!

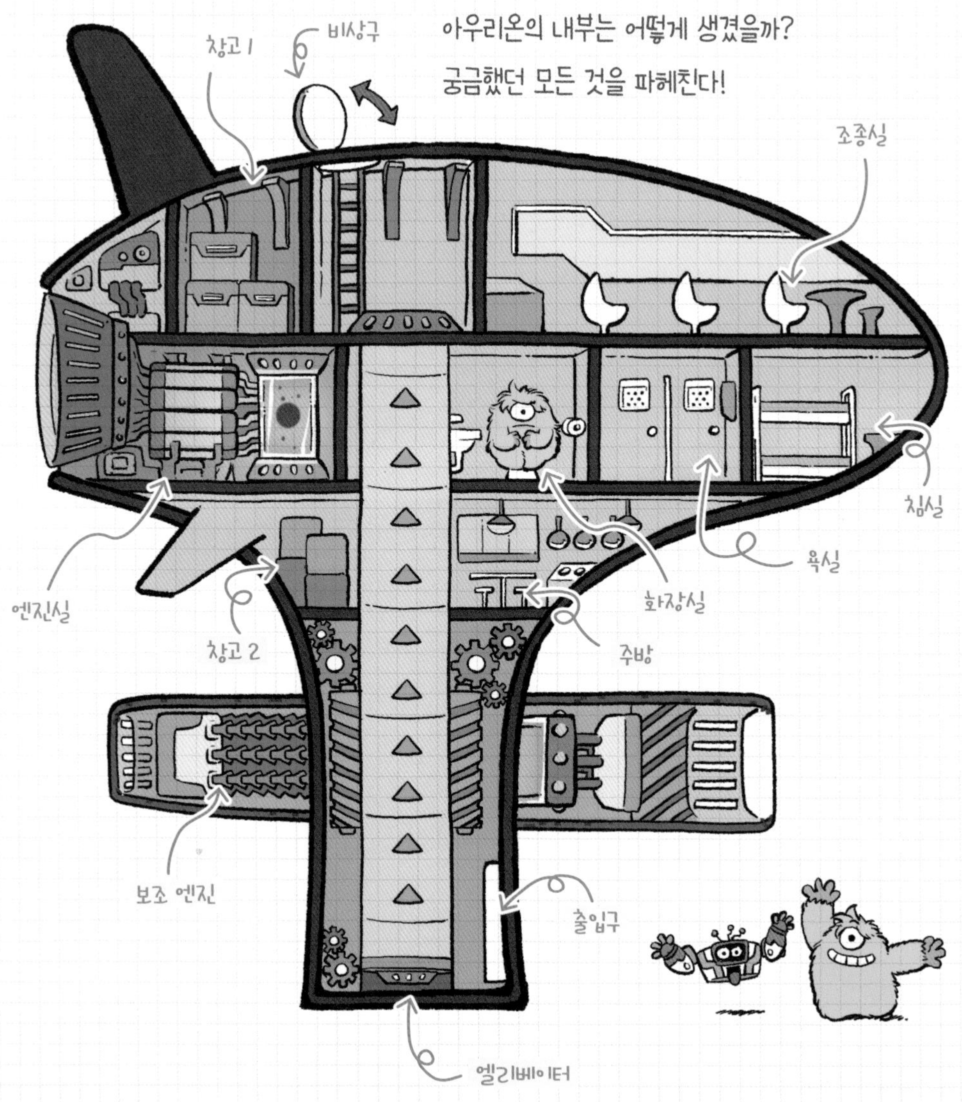

물에도 둥둥 뜨는 가벼운 재질
이렇게 천장이
열리기도 함!
아우리온에서 가장 중요한 계기판!
그런데 조작법이 너무 복잡함.
동시에 열다섯 개 버튼을 눌러야
작동하는 기능도 있음!
이쪽은 정리를
안 해서 지저분함!
출입 금지.
여기가 풍야쿵을
가뒀던 침실
비상시에 입을
맞춤형 우주복들

내 맘대로 만약에 극장

만일 이랬다면 어땠을까?

시간을 돌려 탐사대의 이야기를 바꿔 볼까?

쿠가 처음부터 아우레에 오지 않았다면…

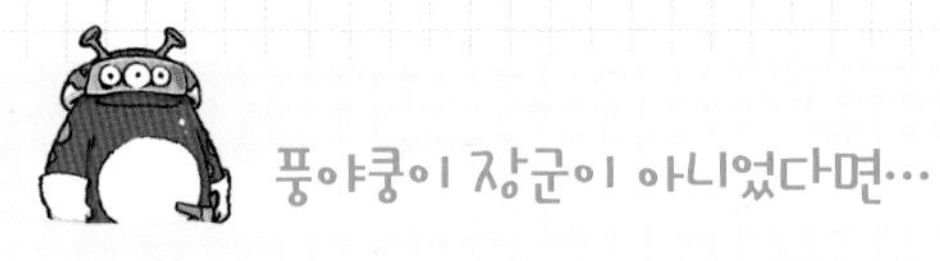

풍야쿵이 장군이 아니었다면…

너희라면 어느 부분을 어떻게 바꿨을 것 같아?

자유롭게 상상해 봐!

라면…

완벽한 아우린 되는 법

언젠가 아우레에 가고 싶다면 꼭 단련해야 할 기술이 있어.

바로 지구인 신분을 숨기고 아우린으로 변장하는 기술!

1단계. 아우레식 이름 짓기

우선 아우린 신분과 이름이 필요하겠지?

아래 표를 보고 네 이름의 초성으로 아우레 이름을 지어 봐.

나의 신분은?		나의 이름은?			
첫 번째 초성		두 번째 초성		세 번째 초성	
ㄱ	지도부 통신원	ㄱ	오치치	ㄱ	루룩
ㄴ	아울렉스레이 실험체	ㄴ	코푸	ㄴ	둥둥
ㄷ	행성 지도부	ㄷ	고로고로	ㄷ	후드
ㄹ	착륙장 청소부	ㄹ	메이	ㄹ	야쿵
ㅁ	우주선 엔지니어	ㅁ	라	ㅁ	메르
ㅂ	우주 해적	ㅂ	에푸피	ㅂ	몽
ㅅ	최강 장군	ㅅ	됴아	ㅅ	비이잉
ㅇ	시간 감옥 탐험가	ㅇ	뿌르두르	ㅇ	니로
ㅈ	캡슐 공장 사장	ㅈ	쿠	ㅈ	루바
ㅊ	쓰레기 상인	ㅊ	풍	ㅊ	마즈
ㅋ	지하 감옥 간수	ㅋ	츄우	ㅋ	두파파
ㅌ	우주선 조종사	ㅌ	비잉	ㅌ	세티
ㅍ	키벨레 관장	ㅍ	페페	ㅍ	호뇨뇨
ㅎ	외계문명탐구클럽	ㅎ	베르	ㅎ	에이

2단계. 아우린이 된 내 모습은?

아우린 이름을 지었다면 어떤 모습으로 변장할지도 생각해야지!

새 이름에 어울리는, 아우린이 된 네 모습을 상상해 봐.

나는 아우레의 ________________ !

내 이름은 ________________ 라지.

부웃의 벽화 교실

화가 호모 사피엔스 부웃을 따라서

지구 역사에 길이 남을 벽화를 그려 봐!

우리 이야기는
6권에에에~!

솜폼폼

웜홀에서 튕겨 나와 우주 최고 부자 행성인 '타라리'에 떨어짐. 특기인 '긴 팔다리로 남의 물건 스리슬쩍 훔치기' 기술로 도둑질을 하며 살고 있음. 오늘도 잡히지 않기 위해 열심히 달리는 중!

무르무르쿵

일행 중 유일하게 키벨리온에 남아 있음.
처음에는 혼자 살아남아 너무 좋았는데…
이제는 너무너무 외로움.
끝없는 우주를 떠돌며 구조를 기다리는 중.
제발 누가 나 좀 구해 주면 안 될까?

두가포

두가포가 불시착한 '푸르푸르' 행성은 아우레와는 정반대로 문명이 거의 발달하지 않아 행성인들 모두가 농부. 두가포는 평화로운 이곳 생활이 마음에 쏙 든다고. 땀 흘려 농사짓는 기쁨을 배워 가고 있음.

그리고 또 이들은…

으헤헤….

라후드, 대체 아까부터 뭘 보고 있는 거냐?
창고에서 찾은 오래된 아우레 뉴스! 수천 년 전 소식이 가득해. 볼래?
아우레에 이런 과거가?
지도부에 보고하자!

아우레력 2964년 29월 36일

AURE NEWS

아우레 뉴스

키벨레의 주인, 물러나다! 후계자는 수석 연구원
아우레 들썩, "'헬리오'는 어떻게 되나?"

▲ 빠다 관장(왼쪽)과 말더 수석 연구원(오른쪽). 말더는 빠다의 '헬리오' 개발에 참여했었음.

키벨레의 관장 빠다가 그제(34일) 아침 관장 자리에서 물러나겠다고 긴급 선언했음.

우주 천재 과학자로 처음 이름을 알린 빠다는 아우레 행성 지도부의 명령에 따라 대도서관 키벨레를 설립해 현재까지 약 300년간 관장 자리를 지켜 왔음.

빠다는 "이제 물러날 때가 되었다"며 "후배들에게 미래를 이끌어 갈 기회를 주고 싶어서"라고 은퇴 이유를 설명함.

빠다가 후계자로 점찍은 아우린은 빠다의 오른팔이자 수석 연구원인 말더.

빠다가 자리에서 물러나며 그의 숙원 사업이던 인공 항성 프로젝트도 폐기될지에 아우린들의 관심이 쏠리고 있음.

쿠루몽 기자

특별 기획 '말더는 누구' 3쪽에서 계속 ▶

엔지니어를 비행사로…
신임 관장의 파격 행보

키벨레 신임 관장 말더가 관장직 임명과 동시에 말단 직원을 우주선 비행사로 파격 승진시켜 논란이 일고 있음.

승진의 주인공은 키벨레의 엔지니어 '쿠 모 씨'로 알려짐.

쿠 모 씨의 동료인 제보자에 따르면, 쿠 모 씨는 평소 엔지니어 일을 내팽개치고 몰래 착륙장에 드나들며 우주선에 침입했다 들킨 게 한두 번이 아니라고 증언함.

이번 논란에 대해 말더는 "오직 능력을 보고 뽑았다"고 입장을 밝힘.

추바바 기자

[인터뷰] 다시 떠난 풍야쿵…
"아우레를 위해서"

외계 행성 탐사 임무를 마치고 돌아왔던 풍야쿵 장군이 아우레를 위해 다시 한번 우주로 떠났음.

우주 해적을 소탕하고 행성의 평화를 지킨 정의로운 수호자, 우주 특공 무술 350단의 소유자, 자나 깨나 아우레만 생각하는 충성심으로 모든 아우린들의 귀감이 되는 장군, 풍야쿵을 아우레 뉴스에서 인터뷰해 보았음.

무우무 기자

5쪽에서 계속 ▶

오늘의 날씨

9시	12시	15시	18시	21시	24시	27시	30시

낮 흐리다 저녁부터 천둥 번개를 동반한 별 부스러기 비 예상. 우산 필수!

처음에는 지구가 미개한 행성이라고만 생각했다.
하지만 내가 어리석었다는 걸 깨달았지.
지구 덕분에 내가 많은 것을 배워 가는구나!
지구에 가게 된 것은 내게 크나큰 행운이었다.
고맙다, 지구! 그리울 게다!

빠다

안녕,

얘들아, 정말 고마워!
머나먼 우주에서 최고의
친구들을 만나서 너무 행복했어.
혹시 우리가 너무너무 보고 싶으면 긍정의 댄스를 춰 봐.
흔들~ 흔들~ 몸을 씰룩이다 보면
어느샌가 우리가 타임머신을 타고
너희를 만나러 돌아와 있을 테니까.
그럼 다시 만날 그날까지, 안녕!

라세티

지구에 있는 동안 하루도 조용히 지나간 날이 없었지.
힘들기도 했지만, 아우레에 돌아가면
지구에서의 하루하루가 많이 그리울 거야.
크흡! 갑자기 눈물이 나네. 먼지가 들어갔나?
아무튼, 너희 나 절대로 잊으면 안 돼! 약속이다!

캔

아우리온을 타고 시원하게
지구 하늘을 가로지르던 기분은
평생 잊지 못할 거야.
물론 너희와 함께한 추억들도 말이야.
다음에는 너희도 아우리온에
태워 줄게.
그러니 그때까지
푸른 지구 하늘을 잘 지켜 줘!

쿠슬미

잘 있어라, 지구인들아.
뭐… 지구라는 곳, 생각보다 나쁘지는 않더군.
아무래도 기회가 되면 또 방문해야겠어.
너희를 보러 가는 게 아니라
미처 못 끝낸 연구 때문이야!
그럼 난 바빠서 이만….

말더

작가님들의 이야기

차유진 작가님의
지구에서 온 통신

나는 아우레의 장군 풍야쿵.
지구의 위성인 달을 조사하려다 그만 웜홀에서
길을 잃고 21세기 지구에 떨어지고 말았소.
그런데 놀랍게도 이곳에서 아우린을 잘 알고 있다는
지구인을 만났지 뭐요?
이 지구인과의 흥미로운 대화를 녹음해 두었지.
한번 들어 보시오.

이름 모를 지구인! 반갑소.

어라, 저요? 헉……! 저 당신을 알아요!
아우레에서 가장 용맹하다는 풍야쿵 장군님이시죠?!
우아, 팬이에요!

나를 안다고? 그대는 특별한 지구인이구려! 자기소개를 해 주시오.

저는 소설가 차유진이에요. 글로 지구인의 삶을 표현하는 사람이지요. 작품도 셀 수 없이 많아요. 어린이들을 위해서는 《우리 반 다빈치》 《우리 반 베토벤》《광화문 해치에 귀신이 산다》《난데없이 메타버스》 등을 썼어요. 청소년 소설 《엄마는 좀비》《도서관 마녀의 태블릿》 《나와 판달마루와 돌고래》에, 《인 더 백》《아폴론 저축은행》《여우의 계절》도 있고요. 여러 TV 애니메이션의 시나리오도 작업했는데, 그리고……. 아, 물론 그중 저의 가장 대표적인 작품은 바로바로 《인류 탐험 보고서》지만요. 헤헤헤.

그런데 나를 어떻게 알고 있는 것이오?
나 말고도 아는 아우린이 있소?

물론이죠! 제가 아우린들을 얼마나 좋아하는데요!
어떻게 아는지는…… 비밀!

그럼 아우린 중 가장 좋아하는 건 누구요?

에이, 당연히 풍야쿵 장군님이죠. (아부 아니에요!) 장군님은 아우린 중 최고로 미남, 아니 귀염남이시니까요. 장군님 다음으로는 라세티를 좋아해요. 파란 털을 가진 평화주의자라는 점이 매력적이에요. 모두가 행복하기를 원하고 친구들을 항상 도우려 하잖아요. 라세티 배에 머리를 대고 한숨 자면 보송보송한 털 때문에 기분이 참 좋을 텐데…….

하하하. 이 몸의 인기란! 그대에게 아우레 구경이라도 시켜 주고 싶군!
아우레에 가게 되면 가장 해 보고 싶은 일이 무엇이오?

인공 항성 프로젝트를 막고 싶어요. 그러려면 우선 쿠가 키벨레를 마음대로 돌아다니지 못하게 해야겠죠? 그러고 나면 키벨레를 구경해 보고 싶어요. 우주의 모든 책과 지식이 모여 있는 도서관이잖아요. (제가 쓴 책도 거기 있을까요?) 아! 라세티한테 우주 체조도 배우고 싶고요.

아우린 친구들이 해 준 모험의 뒷이야기는 없었소?
가장 재미있었던 에피소드를 소개해 주시오.

아우리온과 키벨리온이 한 쌍인 건 다들 알 거예요. 그런데 아우리온은 원래 비상용 우주선이고 진짜 강력한 건 키벨리온이라더군요! 아우리온은 종종 말썽을 피워서 탐사대의 속을 썩였죠. 만약 탐사대가 아우리온이 아닌 키벨리온을 탔더라면 절대 그런 일은 없었을 거래요. 키벨리온은 아우리온보다 수십 배 뛰어난, 그야말로 아우레의 기술력을 총동원해 만든 우주선이니까요. 말더 부하들이 키벨리온을 타고 지구를 떠나는 바람에 그 위력을 많이 보진 못했지만, 키벨리온은 언젠가 꼭 다시 돌아올 거라 믿어요! 우리를 더 넓은 우주로 안내하기 위해서 말이에요.

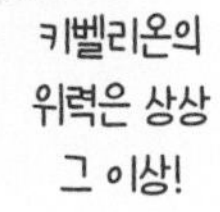

오호, 설명이 엄청 실감 나는데?
마치 타임머신을 타고 가서 직접 눈으로 본 것처럼 말이지!

(뜨끔!) 하하, 그게 무슨 말씀이세요? 지금의 지구 기술로는 시간 여행이 절대로 불가능하다고요.

지구 기술은 아직 그 정도라고?
그렇다면 만일 시간 여행을 하게 된다면 언제로 떠나고 싶소?

저는 한반도의 신라 시대로 떠날래요.
경주의 아름다운 풍경도 보고,
신라인의 화려한 예술품들도 구경할 거예요.
신라의 고을에선 향긋한 향내가 날 것만 같아요.

호오, 그 시대 지구인들에겐 또 다른 매력이 있나 보군.
그대가 생각하는 지구인의 가장 큰 매력은 뭐요?

간단히 대답할 수 있어요. '지구인은 아름답다!'
저는 지구인 마음속의 아름다움을 굳게 믿고 있답니다.

지구에 방문한 외계인들이 꼭 한번 경험해 봐야 할 지구 문물을 하나만 추천해 주겠소?

제가 추천하는 건 바로 위대한 작곡가 베토벤의 피아노 소나타예요. 베토벤은 소나타 형식의 피아노곡 32곡을 썼는데요, 그 하나하나가 어찌나 아름다운지 몰라요. 지구인이 어떻게 저런 선율을 만들어 낼 수 있을까 싶을 정도로요. 외계인들이 오면 꼭 들려주고 싶어서, 제 책 《나와 판달마루와 돌고래》에도 외계인들이 베토벤 소나타를 듣는 장면을 넣었답니다.

© Gettyimagesbank

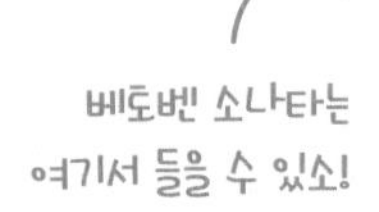

© PianoJFAudioSheet/Youtube

오스트랄로피테쿠스부터 호모 사피엔스까지, 지구인들은 스스로 이름 붙이기를 좋아하는 생물이라고 들었소. 그대만의 이름을 만든다면 어떤 이름을 쓰겠소?

'호모 유리알같은유진스'요. 저는 유리알처럼 투명하고 진실하니까요. 하하하하하!

우리는 지구인과 공존할지, 지구를 침공할지 결정해야 하오.
그대 같은 유쾌한 지구인만 있다면 공격은 하지 않아도 될 텐데…….
그대는 아우린과 지구인이 공존할 수 있다고 생각하시오?

물론이죠! 지구인은 그 누구와도 친구가 될 수 있어요.
간혹 전쟁 같은 참혹한 일을 벌이기도 하지만, 천성은 착하고
따뜻한 종족이거든요. 지구인들은 우주의 모든 외계인과
친구가 될 수 있으리라 확신합니다. 아우린은 말할 것도 없고요.
하지만 그전에 지구인끼리 싸우지 않는 연습을 하면 좋겠어요.
서로 생각이 달라도 모두가
'아름다운 인간'임을 느끼고
평화를 위해 노력하는 연습이요.
그래야 라세티 말대로 우주에
긍정 에너지가 가득 차지 않겠어요?

자, 인터뷰는 이것으로 끝이오. 고맙구려.
마지막으로 하고 싶은 말이 있으면 해도 좋소.

어린이 여러분, 《인류 탐험 보고서》를 사랑해 주셔서
감사합니다. 다른 작품으로 또 만날 수 있을 거예요.
그때까지 저와 약속해요. 책 많이 읽고, 많이 생각하고,
많이 웃으면서 지내기로! 약속!

김현민 작가님의

아우레 그림 교실

① 동그라미 아래에 애벌레 한 마리를 그린다.

② 삐죽 솟은 앞머리를 더한다.

③ 북슬북슬 털을 추가해 주면 완성!

라세티

라세티는 곰을 닮은 외계인을 상상하며 그렸어요. 개그감과 엉뚱함에다가 귀여움까지 갖춘 '우주 곰'이랄까요? 외계인답게 눈은 하나에, 털은 민트색이지요. 참고로 라세티 손가락은 네 개뿐이라는 거! (눈치챈 사람은 외계인의 눈썰미!)

① 참치 캔을 그린다.

② 눈이 들어갈 자리와 팔, 어깨를 더한다.

③ 몸의 문양을 추가하고, 안테나 세 개로 마무리!

캔

외계인이면서 로봇의 몸을 가지고 있는 캔은 이름 그대로 참치 캔을 떠올리며 만들었습니다. 거기다 하늘을 둥실둥실 떠다닐 수 있는 능력을 더해 주었고요.
캔은 어디까지가 몸이고 어디까지가 얼굴일까요?
저도 아직 모르겠어요.

① 둥근 찐빵 위에
보자기를 덮는다.

② 눈매와 입꼬리가 올라가게
그리고, 앞머리를 그어 준다.

③ 큰 눈동자와 더듬이를
그리면 완성!

쿠슬미

쿠슬미를 보면 꾸불꾸불 문어가 떠오르지 않나요?
부드러우면서도 카리스마 있는 성격이 긴 머리를 닮은
촉수에서 잘 드러나길 바랐습니다. 쿠슬미의 촉수는 때론
다리가 되었다가 때론 쭉쭉 늘어나는 팔이 되기도 하는,
유연하고도 강력한 도구니까요.

① 찐빵 하나, 계란 하나.

② 알사탕 네 개와 빙그레 웃는 입.

③ 할아버지 수염과 지팡이를 더해 주면 끝!

빠다

빠다 관장님은 오랜 고민 끝에 달팽이를 모티브로 만들게 되었습니다. 탱글탱글한 눈은 빠다의 천재성을 보여 주지요. 가끔 흐리멍덩한 눈을 한 바보가 될 때도 있지만, 커다란 등딱지 속에 팽팽 돌아가는 뇌를 숨기고 있는 우주 최고의 과학자랍니다.

① 감자 한 알을 그린다.

② 동그란 눈과 팔자 주름을 더한다.

③ 정수리 꽁지를 길~게 늘이고, 의기양양한 표정으로 마무리!

말더

정수리의 긴 꽁지가 매력인 말더는 고약한 심보를 가졌지만, 눈빛만은 학구열로 초롱초롱 빛납니다. 한때 키벨레에서 수석 연구원으로 일했기 때문이겠지요.
말더를 너무 미워하진 말아 주세요. 가끔 못된 소리를 해도, 그렇게 나쁜 녀석은 아니랍니다.

① 동그라미와 납작 동그라미를 겹쳐 그린다.

② 눈과 입을 역삼각형으로 배치한다.

③ 뽀글뽀글 머리칼을 자유롭게 그려서 완성!

쿠(야무)

쿠는 일곱 살 정도의 어린 나이임에도 삼촌의 일을 돕는 씩씩하고 밝은 아이지요. 그래서 장난스러우면서도 정의감이 넘쳐 나는 귀여운 소년 느낌이 물씬 나게 그려 보았습니다. 풍야쿵 장군도 이 귀여운 모습에 반해 쿠를 아우레로 데리고 갔던 게 아닐까요?

백두성 선생님의 탐험 후기

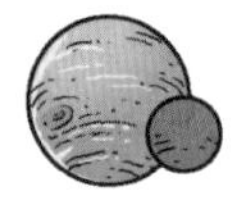

어린이와 과학을 연결하는 모험

처음《정재승의 인류 탐험 보고서》라는 책의 감수를 맡아 달라는 정재승 교수님의 부탁 말씀에 저는 많이 망설였습니다. 고인류학을 전공한 진짜 전문가가 해야 하는 일이지, 고생물학, 그중에서도 미생물 화석을 공부한 제가 할 일은 아니라는 생각에서였죠.

그런데 출판사에서 제게 요청한 것은 다 만들어진 책의 내용이 맞는지의 감수만이 아니라 기획 단계에서부터 책의 내용이 적절한지, 또 이런 상황에서는 어떤 설정이 좋을지에 대한 아이디어를 달라는 것이었습니다. 적어도 직접 저술을 하는 것은 아니니 저도 공부해 가면서 감수를 하겠다는 다짐으로 참여하기로 했지만, 저에게는 또 다른 의미도 있었습니다.

저는 20년 가까이 자연사 박물관과 과학관에서 큐레이터로, 또 관장으로 일했습니다. 그동안 과학과 시민을 연결할 때는 눈높이를 맞추는 것이 중요하다는 것을 느꼈죠. 특히 어린이들에게는 과학적 사실을 전달하는 것 못지않게 상상력을 발휘하는 것도 필요하다는

것을 깨달았습니다. 저는 이 책을 통해 어떤 부분을 사실로 남길 것인지, 또 어떤 부분을 기발하면서도 합리적인 상상으로 채울 것인지를 잘 조절해서 유익함과 재미의 균형을 잡는 방법을 배우고 싶었습니다.

겉으로 드러나 보이진 않았겠지만, 덕분에 지난 3년간 저도 아우레 탐사대의 일원으로 유쾌한 시간을 보냈습니다. 책의 첫 번째 독자로서 시놉시스에서 원고로, 스케치에서 채색된 그림으로 진화되는 과정을 지켜볼 수 있어서 더 즐거웠고요. 원고 위에서였지만 글 작가님과 그림 작가님의 대화를 지켜보고 글 작가님의 요청 사항이 그림 작가님의 손으로 어떻게 재탄생할지 궁금해하며 다음 원고를 기다리는 것은 소풍을 기다리는 아이의 마음과 비슷했던 것 같습니다.

과거를 돌아보고 미래로 나아가기 위해서

《인간 탐구 보고서》에서 출발한《인류 탐험 보고서》는 인간의 시

간에 대한 탐사 보고서라고 할 수 있습니다. 지금의 인간이 '어떤 생각을 하는지'가 아닌 인간이 '어떻게 변화해 왔는지'를 알아보는 것이지요. 타임머신 우주선을 타고 가장 오래된 인간의 조상인 루시로부터 출발해서 호모 사피엔스까지 탐험하는 여정이요.

지금의 인간에 대해서 알아보기도 바쁜데 왜 굳이 과거의 인간을 알아야 할까요? 인류의 진화의 역사를 통해 지금의 인간이 나아갈 방향을 잡을 수 있기 때문이죠. 과거의 호미닌 중 일부는 변화된 환경에 적응해서 살아가고 그러지 못한 호미닌은 멸종되었지요. 그와 마찬가지로 지금의 인간 역시 급변하는 환경에 적응해서 살아가려면 과거 인류에 대해 이해하고 그들의 지혜를 배우려는 노력이 필요합니다.

과학자들에게만 의미가 있다고 생각하고 우리에게는 직접적인 피해가 없을 거라 가벼이 여겼던 지구 온난화가 열대야로 잠들기 힘든 여름과 단풍이 지지 않는 가을을 보내며 '기후 위기'로서 실감 나게 다가오는 요즘입니다. 몇십 년 후, 아니면 몇백 년 후에 지구로 다시 돌아온 라세티와 아우레 탐사대가 호모 사피엔스 없는 지구를 보고 슬퍼하는 일이 없도록, 우리는 지금 할 수 있는 일을 해야겠습니다. 과거를 돌아보고 앞으로 나아가는 일이요.

2024년 12월

백두성(우주 해적 고로고로 비이잉)

정재승 교수님의
《인류 탐험 보고서》를 마치며

과거로의 모험으로 배우는 '호모 사피엔스의 뇌과학'

2021년 7월 첫 출간된《정재승의 인류 탐험 보고서》가 어린이 독자들의 사랑을 담뿍 받으며 10권을 끝으로 흥미진진한 대장정을 마무리하게 되었습니다. 지난 3년 동안《인류 탐험 보고서》를 재미있게 읽어 주시고, 라세티 일행을 응원해 주신 독자들께 진심으로 감사드립니다. 그동안 어린이를 위한 뇌과학 강연회, 독자들과의 대화 및 사인회, KAIST 초대 행사 등을 통해《인류 탐험 보고서》 독자들을 만날 때마다, 제게 과자도 주고 비타민도 건네던 어린 손들을 잊을 수가 없습니다. 이 책은 그렇게 어린이들의 응원을 먹고 쑥쑥 성장한 책입니다.

《인류 탐험 보고서》는 아주 작은 상상 하나로 시작되었습니다. '《인간 탐구 보고서》 속 라후드와 바바, 오로라와 아싸가 맨 처음 지구에 온 아우린이 아니라면?' 차유진 작가님은 이 작은 씨앗 하나에 수많은 상상들을 더해 놀라운 이야기를 만들어 주셨습니다. 아우레가 원래 지금보다 훨씬 더 아름다운 행성이었으나, 지구에서 온 사고뭉치 하나 때문에 그 역사가 완전히 바뀌었다고 말이죠. 김현민 작가님은 우리가 상상만 하던 수백만 년 전 지구와 원시 조상들의 모습을 너무나도 생생하게 그려 주셨습니다. 덕분에 우리는 원시적인 대자연의 생태계 안에서 최첨단 장비로 무장한 외계인들의 좌충우돌 모험담을 흥미진진하게 즐길 수 있었습니다.

300만 년 전 과거로 떠나는 여행

열혈 독자들은 잘 아시다시피, 아우레는 오래전부터 과학 문명이 발달해 있었습니다. 우주의 모든 지식이 아우레에 모였고, 아우린들은 그것들을 거대한 도서관 키벨레에 정리했습니다. 그중에서도 '과학 기술'을 가장 중요한 지식으로 여긴 아우린들은 그를 바탕으로 인공 항성을 만들어 위성 궤도에 쏘아 올렸죠. 웜홀을 통해 다른 은하로 여행하는 것도 가능했고요.

그런데 지구라는 우리은하 안 태양계 속 작은 행성에서 데려온 한 생명체가 사고를 치는 바람에, 아우레는 멸망 직전의 위기에 빠지게 됩니다. 그 생명체의 이름은 바로 쿠. 키벨레의 관장 빠다는 아우레를 멸망에서 구하기 위해 쿠를 처음 데리고 왔던 오래전 과거의 지구로 시간 여행을 떠나게 됩니다. 라세티와 캔, 쿠슬미도 여기에 합

류하고요.

과거의 아우레 탐사대는 쿠를 찾기 위해 때론 수십만 년 전, 때론 수만 년 전, 다양한 시간대의 지구를 방문하면서 오래된 지구와 인류의 조상 호미닌 그리고 숱한 지구의 동식물들을 만납니다. 그 과정에서 어린 독자들은 수백만 년에 걸친 지구의 변화와 그에 적응하며 문명을 발달시켜 온 인류 조상들의 모습을 눈앞에서 만날 수 있게 되죠. 저희는 백두성 선생님의 감수도 거치면서 최대한 과학적으로 타당한 장면들을 묘사하려 애썼습니다.

어린이들이 우리의 과거를 상상할 수 있도록

어린이들은 이 책을 읽으면서 제대로 발음조차 하기 힘든 호미닌들의 이름을 줄줄이 외우게 되었지요. 사헬란트로푸스 차덴시스부터 '루시'라는 이름으로 유명한 오스트랄로피테쿠스 아파렌시스, 호모 하빌리스와 호모 에렉투스, 호모 네안데르탈렌시스, 호모 사피엔스 등 우리의 조상들을 말입니다. 어린이 독자들이 제게 다가와, '호모 에렉투스는 도구를 얼마나 정교하게 만들 수 있었어요?'라든가 '호모 네안데르탈렌시스는 우리보다 뇌가 더 컸다는데 왜 멸종했어요?' 같은 질문을 할 때면 정말이지 너무나 뿌듯했답니다. 어린이의 입에서 이런 생물인류학적인 질문이 나오다니! 아직 우리 인간이 정확히 알지 못하는 인류 문명의 근원을 궁금해하는 그 모습이 저는 아주 근사해 보였습니다.

《인간 탐구 보고서》가 현대인의 뇌과학을 다루고 있다면, 《인류 탐험 보고서》는 호모 사피엔스의 뇌과학을 다루고 있습니다. 사바나 초원 한가운데 나무에서 내려와 두 발로 걷고, 정교하게 도구를 만들어 사용하고, 거대한 뇌를 얻고, 문자를 만들어 인류의 지적 성취를 축적해 다음 세대에게 전수했던 호미닌의 '문명 탄생기'를 아우레 탐사대의 모험 이야기 속에서 자연스레 배울 수 있길 바랐습니다. 인지 혁명과 농업 혁명을 거치면서 인류가 지구상에 독특하고 유일한 문명을 건설한 과정을 어린이들이 상상할 수 있게 해 준다는 이 책의 목적대로요.

'《인류 탐험 보고서》가 더 재미있어요.' 혹은 '《인간 탐구 보고서》가 더 재미있어요.' 이런 말을 들려주는 독자들을 보면서, 또 라세티를 손으로 직접 그려 넣고 '다음 권에는 저를 악당 캐릭터로 등장시켜 주세요.'라고 수줍게 요청하는 독자 편지를 읽으면서, 저희 작가들은 말도 못 하게 뭉클한 감동을 받았답니다. 더없이 사랑스러운 라세티와 탐사대원들을 여러분들이 좋아해 주실 때 저희도 같이 기뽑니다. 아우린들을 대신해서 어린이들에게 감사의 인사를 드립니다. 꾸벅.

아우레 탐사대는 언제까지나 이 자리에

10권으로《인류 탐험 보고서》를 완간하면서, 작은 상상 하나를 더 해 봅니다. 여러분들의 책장에《인류 탐험 보고서》열 권이 나란히 꽂혀 있어서, 시간이 지나 중학생과 고등학생이 되고 어른이 되어도 '호모 사피엔스의 뇌과학'이 궁금할 때면 언제든지 이 책을 다시금 펼쳐 이 책을 읽고 즐겼던 그 시절로 시간 여행을 하고 옛 추억에 빠지는 모습을 말이지요. 독자 여러분이 정말로 그래 준다면 저희 작가들은 어마무시하게 행복할 겁니다.

끝으로, 평범한 학습 만화가 아니라서 모험이기도 했을 텐데 흔쾌히 저희 책을 출간해 준 아울북 김영곤 사장님과 어린이들이 호모 사피엔스의 뇌과학 이야기를 어렵지 않게 이해할 수 있도록 재미있고 흥미롭게 편집해 준 문영, 정유나, 김미희, 오경은 등 아울북의 편집자분들에게 감사의 마음을 전합니다. 특히나 생물인류학적 지식이 쉽게 정리된 책 속 부록 브로마이드를 만드는 과정은 그야말로 장인 정신과 정성 그 자체였습니다.

아울러, 어린이책을 쓰면서 누리게 된 최고의 행복은 '독자들을 만나는 순간'이었답니다. 사인을 받고 사진을 함께 찍으려고 강연회장에서 책을 들고 줄을 서는 어린이들의 귀여운 눈망울을 볼 때마다, 저희에게 말 한마디를 건네기 위해 긴장하며 떠는 목소리를 들을 때마다, 더 근사한 이야기를 만들어야겠다 다짐하게 되었습니다. 여러분, 고마워요. 그리고 다양한 현장에서 어린이 독자들을 만날 수 있게 애써 준 아울북의 마케팅팀, 영업팀에게도 감사의 말씀을 전합니다.

아우린들은 언제 또 타임머신을 타고 지구를 방문할지 몰라요. 그들을 잊지 말고 잠시만 기다려 주세요. 아우린들의 인류 탐험은 아직 끝나지 않았다고요!

2024년 12월, 300만 년의 과거를 떠나보내며

정재승

친구들 !!
너희, 멋진거 알지?
행복해 !!
차유진
안녕,
독자 여러분
많은 사랑 주셔서
감사합니다.
항상 행복
하세요~♡
현민

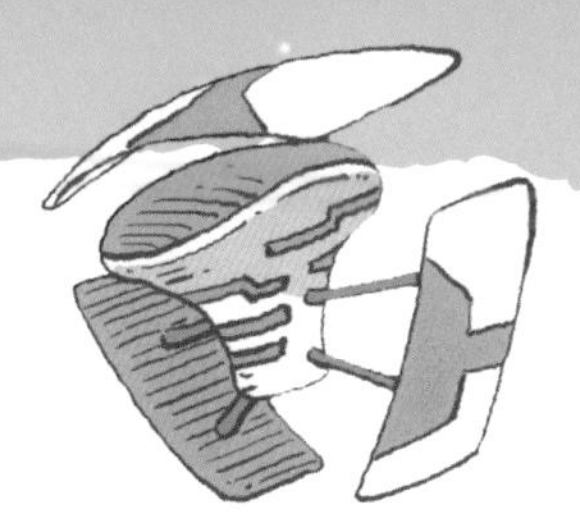

과학자가 되어 만나요

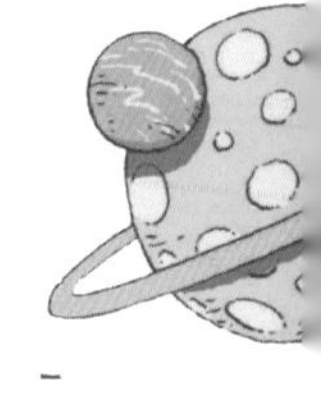

백두성

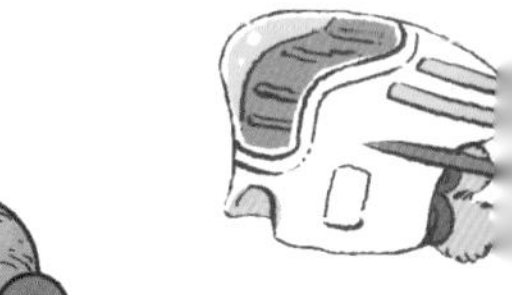

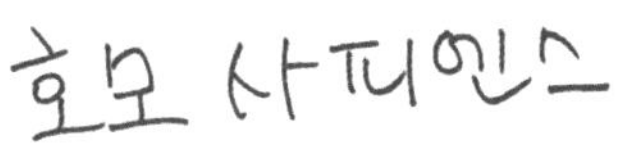

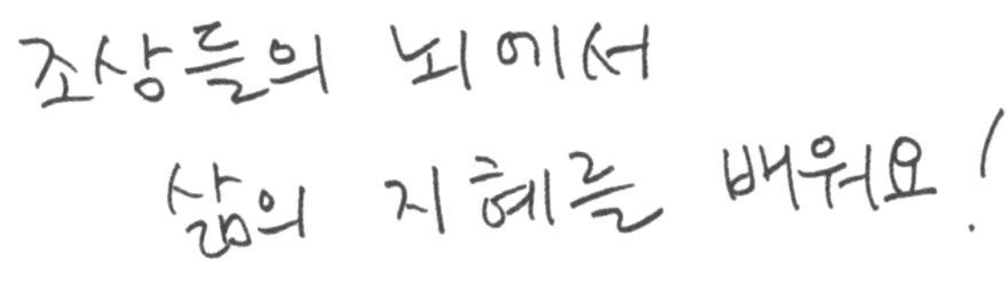

정재승의 인류 탐험 보고서

10 안녕, 아우레 탐사대!

글 차유진 정재승
그림 김현민
감수 백두성
사진 국립경주문화유산연구소, Don's Map, Gettyimagesbank, Wikimedia Commons
영상 Youtube

1판 1쇄 인쇄 2024년 11월 28일
1판 1쇄 발행 2024년 12월 18일

펴낸이 김영곤 **펴낸곳** ㈜북이십일 아울북
기획개발 정유나 **프로젝트4팀** 김미희 신세빈 **디자인** 한성미
아동마케팅팀 장철용 양슬기 명인수 손용우 최윤아 송혜수 이주은
영업팀 변유경 김영남 강경남 황성진 권채영 전연우 김도연 최유성
제작 이영민 권경민

출판등록 2000년 5월 6일 제406-2003-061호
주소 (10881) 경기도 파주시 회동길 201(문발동)
대표전화 031-955-2100 **팩스** 031-955-2177
홈페이지 www.book21.com

ISBN 978-89-509-9659-8 74400
ISBN 978-89-509-9649-9 74400 (세트)

책값은 뒤표지에 있습니다.
잘못 만들어진 책은 구입하신 서점에서 교환해 드립니다.

• 제조자명 : (주)북이십일
• 주소 및 전화번호 : 경기도 파주시 문발동 회동길 201(문발동) / 031-955-2100
• 제조연월 : 2024.12.
• 제조국명 : 대한민국
• 사용연령 : 3세 이상 어린이 제품

특별 통신 이벤트

이대로 너희와 헤어지기 너무 아쉬워!
우리 아우레 탐사대가 쓸쓸해하지 않게 편지를 보내 줄래?

아우레까지 무사히 전달될 수 있도록 특수 제작한 편지지와 편지 봉투를
예쁘게 오려 붙인 다음, 정성스러운 편지를 적어서 보내 주면 돼.
(지구에 심어 둔 비밀 요원이 너희 편지를 전달해 줄 거야.)

우리를 가장 많이 웃고 울게 한 편지의 주인공에게는
아주 특별한 선물이 기다리고 있으니까 기대하라고!

편지 많이많이
보내 줘!

이벤트 기간

지구 시간으로 2025년 1월 31일까지 (당일 도착분까지 유효)

지구 시간으로 2025년 2월 28일 금요일

멋진 편지
기대할게!
다시
만날 때까지,
안녕~!

보내는 사람

주소

우) □□□□□

우편요금
수취인부담

발송유효기간
2024.12.18.~2025.1.31.

파주 우체국
제 40219-40105호

받는 사람

경기도 파주시 회동길 201 북이십일

아우레 탐사대 비밀 요원 앞

우) 1 0 8 8 1

※ 오려서 사용하세요

—— 자르는 선 -------- 접는 선 ▇▇ 풀칠

* 개인 정보 제공·활용 동의 □ (체크해 주세요.)

이름 ______________ 나이 ______ 살

연락처 ______________

—— 자르는 선 -------- 접는 선 ▆ 풀칠

★ PLANET AURE ★

※ 오려서 사용하세요

아울북